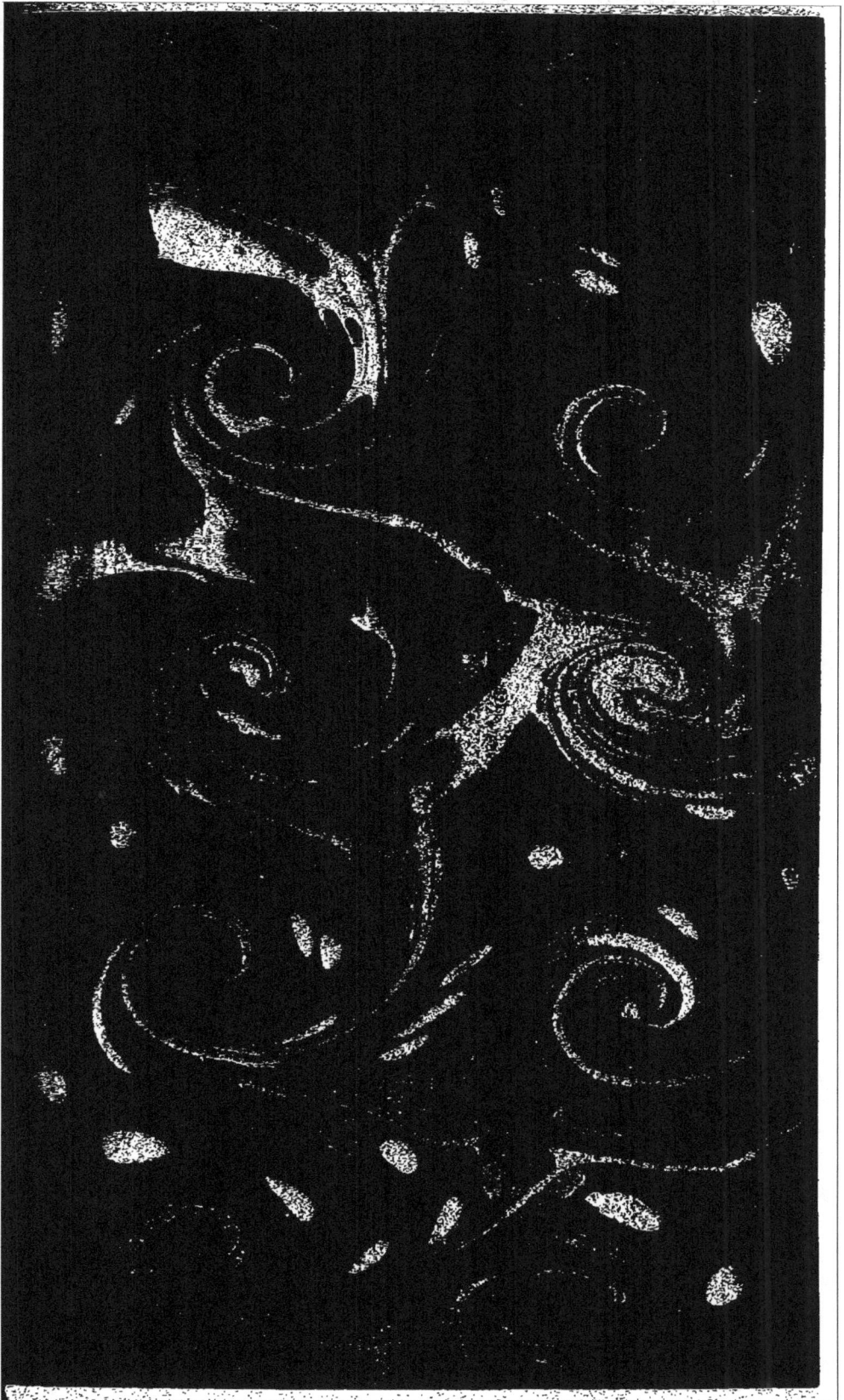

224

4184   de . a .

L'ÉLECTRICITÉ

SOUMISE

A UN NOUVEL EXAMEN.

L'ÉLECTRICITÉ

SOUMISE

A UN NOUVEL EXAMEN,

Dans différentes Lettres addreſſées
à M. l'Abbé NOLLET,

Et dans quelques Queſtions de Phyſique,
préſentées ſous la forme Scholaſtique :

Le tout, ſelon une Théorie nouvelle, appuyée ſur
les Expériences les plus inconteſtables.

Avec Figures.

Par l'Auteur du Dictionnaire de Phyſique.

A AVIGNON,

Chez la Veuve GIRARD & FRANÇ. SEGUIN,
Imprimeurs-Libraires, Place S. Didier.

M. DCC. LXVIII.
AVEC PERMISSION DES SUPÉRIEURS.

A MONSIEUR

L'ABBÉ NOLLET

De l'Académie Royale des Sciences, de la Société Royale de Londres, de l'Inſtitut de Bologne, &c. Maître de Phyſique & d'Hiſtoire naturelle des Enfans de France, & Profeſſeur Royal de Phyſique expérimentale au College de Navarre.

MONSIEUR,

N dédie ſes livres à des Sçavants, pour étendre ſa réputation, dit un des plus grands Phyſiciens de ce ſiecle ; & on les dédie à des Amis , pour exprimer les sentimens de son cœur. Pour moi , en offrant mon Ouvrage à un Sçavant qui veut bien me permettre de prendre avec lui le nom d'ami , je suis assuré de recueillir l'un & l'autre avantage. Oui , Monsieur , l'intérêt que vous voulez bien prendre au nouvel Ouvrage que je mets au jour , & les marques d'estime que vous m'avez données , dans le tems même que vous avez cru devoir écrire contre ma maniere de penser en fait d'Electricité , sont bien plus capables de me faire un nom , que les livres de Physique & de Mathématique que j'ai donnés jusqu'à présent au Public. Mais ce qui me flatte encore d'avantage , c'est que je sçais que notre dispute littéraire , en devenant le modéle des disputes , ne contribuera pas

peu à cimenter l'union qui règne entre vous & moi depuis bien des années.

Permettez - moi cependant de vous
le dire, Monſieur ; vous avez un
peu trop étendu les droits de l'ami-
tié, lorſqu'en me permettant de mettre votre Nom à la tête de mon Ouvrage, vous m'avez interdit ce qui
devoit faire le plus bel ornement de
mon Epitre dédicatoire, je veux dire,
les juſtes éloges que je comptois donner à vos talents & à vos vertus ;
auſſi ai-je été tenté plus d'une fois
de manquer à la promeſſe que je
vous ai faite , comme malgré moi.
Tout ce qui me tranquilliſe, c'eſt
qu'en ſupprimant le détail intéreſſant
des ſervices que vous avez rendus &
que vous rendez tous les jours aux
ſciences , je n'ai ſupprimé dans le
fond que ce que toute l'Europe publie,

& ce qu'attesteront vos Ouvrages dans les siecles à venir, tant que durera le goût de la bonne Physique. Jouissez long-tems d'une réputation si bien meritée. Soyez persuadé qu'il n'est personne au monde qui y prenne plus de part que moi, parce qu'il n'est personne qui soit avec plus de respect & plus d'attachement,

MONSIEUR,

Votre très-humble & très-obéissant Serviteur. P**

PRÉFACE

Contenant des détails intéreſſants ſur la grande queſtion de l'Électricité.

LEs plus grands Phyſiciens de nos jours regardent l'Électricité non-ſeulement comme une queſtion très-agréable , & qui préſente les phénoménes les plus amuſants & les plus diverſifiés ; mais encore comme la queſtion peut-être la plus intéreſſante que l'on puiſſe agiter en Phyſique : tant eſt eſſentielle la liaiſon qu'elle a avec le ſyſtéme général de l'univers. Deſcartes qui ne connoiſſoit encore de l'Electricité , que le pouvoir qu'ont les corps électriſés d'attirer & de repouſſer les

pailles, les plumes, les petites feuilles de métal, &c., ne s'en forma
pas cependant une idée moins étendue. Ce Génie créateur, fait pour
occasionner dans l'Empire des sciences les plus heureuses révolutions,
ne craignit pas d'assurer que la
matiere de son premier Elément,
qu'il regardoit comme l'ame du
monde physique, n'étoit pas distin-
guée de la *matiere électrique.* Ce
fait que nous ne faisons ici qu'indiquer, est trop glorieux à la mémoire du Restaurateur de la Physique, pour que nous ne nous fas-
sions pas un devoir de le discuter
à fond dans une des Lettres qui
composeront la premiere Partie de
ce Livre.

C'est là précisément le point de
vûe sous lequel nous avons toujours

considéré l'Electricité. Aussi avons-nous traité cette question avec la plus grande étendue dans la plupart des Ouvrages que nous avons mis au jour depuis une dizaine d'années, & sur-tout dans notre grand Dictionnaire de Physique, imprimé en l'année 1761. Ce que nous avons écrit sur cette matiere dans ce Dictionnaire, nous paroit avoir mérité l'attention de M. l'Abbé Nollet ; puisque parmi les Lettres qu'il vient de donner au Public, il m'a fait l'honneur de m'en adresser une, en réponse à mon article *Electricité*. Ce célébre Physicien m'y parle en ces termes.

MON RÉVÉREND PERE,

„ J'ai reçu avec la Lettre obli-
„ geante que vous me fites l'hon-

,, neur de m'écrire le 26 Mai 1761 ;

,, le cahier en forme de *Profpeêtus* ,

,, contenant l'article *Eleêtricité* de

,, votre Dictionnaire de Phyfique ,

,, & peu de tems après l'Ouvrage

,, entier , dont les trois Tomes me

,, furent remis par Meffieurs Defaint

,, & Saillant : je vous en fis alors

,, mes remerciments , & je vous les

,, réitére avec plaifir. Si cet arti-

,, cle imprimé n'eût point fait par-

,, tie d'un Ouvrage tout prêt à

,, être publié, j'aurois pu , en vous

,, envoyant mes remarques , comme

,, vous me faifiez l'honneur de me

,, les demander , vous propofer d'y

,, faire quelques changements , &

,, cela fe feroit paffé entre nous ;

,, mais ce que vous avez écrit fur

,, l'Electricité étant devenu public,

,, avant que je puffe vous dire en

„ particulier ce que j'en penſe ; je
„ vous crois trop judicieux pour
„ trouver mauvais que je vous faſſe
„ publiquement més obſervations ,
„ en me renfermant toutefois dans
„ ce qui m'eſt perſonnel.

„ Ce n'eſt point un excès de ſen-
„ ſibilité qui me porte à prendre
„ ce parti ; je me ſerois volontiers
„ déterminé pour toujours au ſi-
„ lence que j'ai gardé depuis qua-
„ tre ans , ſi l'Ouvrage dans lequel
„ vous avez conſigné vos opinions
„ ſur l'Electricité , & vos jugemens
„ ſur celles d'autrui , étoit , com-
„ me quelques autres auſquels je ne
„ répons point , condamné à reſter
„ chez le Libraire ; mais un Dic-
„ tionnaire , tel que le vôtre , ne
„ peut manquer de ſe répandre beau-
„ coup : c'eſt un dépôt où l'on ira

„ chercher ce que chacun a fait
„ pour le progrès de la Phyfique :
„ il importe donc aux Auteurs qu'on
„ leur y faffe honneur de leur tra-
„ vail ; il importe à la vérité qu'on
„ leur conferve dans toute leur pu-
„ reté , les découvertes qu'ils ont
„ faites ; & s'ils ont à cet égard
„ quelques plaintes à faire , elles
„ leur font d'autant plus permifes,
„ qu'ils ont meilleure opinion du
„ Recueil où ils font compris.

„ Bien loin d'avoir rien à défi-
„ rer, mon Révérend Pere , fur les
„ termes dont vous vous êtes fervi,
„ lorfque vous avez fait mention
„ de ma perfonne ou de mon tra-
„ vail , je n'ai pu lire fans une ef-
„ péce de confufion les éloges que
„ votre politeffe m'a comme prodi-
„ gués : je lui rends grace de la

„ trop haute opinion qu'elle vous a
„ fait prendre de moi, & je fens,
„ on ne peut pas mieux, combien
„ je dois être attentif à mefurer
„ fi bien ce que j'ai à vous dire
„ dans cette Lettre , que vous
„ n'ayez point à me reprocher d'avoir
„ mal répondu à des fentiments fi
„ honnêtes & fi généreux : je fuis
„ bien sûr que mes expreffions ne
„ démentiront point l'eftime très.
„ fincere que je conferve pour vo-
„ tre perfonne & pour vos talents ;
„ mais la franchife eft le langage
„ de la vérité que nous aimons vous
„ & moi ; je vous parlerai donc
„ fans fadeur & fans détour ; je
„ me flatte que vous ne vous en
„ choquerez pas. „

Après ce préambule dicté par
l'élégance & la politeffe même, M.

l'Abbé Nollet entre en matiere; &
après avoir attaqué, en lui-même &
dans ses fondements, mon syftéme
fur les caufes phyfiques des phénoménes électriques, il porte fon jugement fur les explications que j'ai
données de la *bluette électrique*, du
coup fulminant, de la *fluidité* & de
plufieurs autres expériences de l'Electricité. J'avois d'abord réfolu d'in-
férer en entier dans cette Préface
la Lettre de cet illuftre & redou-
table adverfaire; mais, toutes réflexions faites, j'ai penfé qu'il vau-
droit mieux en citer *en notes* les endroits principaux, à mefure que,
dans le cours de mon Ouvrage,
l'occafion fe préfenteroit de répondre aux difficultés qui m'ont été
propofées. Je croirois inutile d'avertir le Lecteur que, dans mes atta-
ques

ques & dans mes réponſes, je n'ou-
blierai jamais les égards que je dois
à celui que je regarde comme le
chef des Phyſiciens électriſants.

Lorſque j'eus fait la lecture la
plus réfléchie de la Lettre de M.
l'Abbé Nollet , & que je crus appercevoir que mon ſyſtéme , bien
développé , me fourniſſoit des ar-
mes, non-ſeulement pour me défendre, mais encore pour attaquer directement , & d'une maniere utile
aux ſciences , toutes les théories qui
ont paru juſques à aujourd'hui ſur
les cauſes phyſiques de l'Electricité ,
je penſai férieuſement aux moyens
que je prendrois pour faire paroître
ma réponſe. Le premier qui ſe pré-
ſenta à mon eſprit , ce fut de re-
faire mon article *Electricité* , & d'attendre , pour le publier , une nou-

b

velle édition de mon grand ou de
mon petit Dictionnaire de Phyſique. Je mis tout de ſuite la main
à l'œuvre ; mais à peine eus-je tracé
mon nouveau plan , que je m'apperçus qu'il étoit aſſez étendu pour
devenir la matiere d'un livre ; &
qu'il l'étoit trop , pour être dans un
Dictionnaire la baſe d'un article
iſolé. D'ailleurs je ſuis perſuadé que
l'Electricité eſt une matiere aſſez intéreſſante & aſſez neuve , pour être
encore pendant pluſieurs années le
ſujet de bien des livres. Voici en
peu de mots tout le plan & toute
l'économie de celui que je préſente
au Public.

Je diviſe en deux parties le nouvel examen que je vais faire de
l'Electricité. La premiere Partie ſera
formée de neuf Lettres , toutes adreſ-

fées à M. l'Abbé Nollet. Je n'en
expoferai pas ici les fujets différents ;
je réferve ce détail pour le commencement de ma premiere Lettre.
J'avertis feulement les jeunes Phyficiens entre les mains de qui ce Livre ne fçauroit manquer de tomber, qu'ils trouveront dans l'*Avant-*
Propos de la premiere Partie toutes
les notions néceffaires à l'intelligence de l'Electricité ; & dans les
Notes qui fuivront chacune des neuf
Lettres, la maniere dont ils doivent s'y prendre pour faire, facilement & avec fuccès, toutes les expériences que font par le moyen de
la Machine électrique, les Phyficiens les plus confommés : ce font
là des détails, fouvent minutieux,
qu'il a été néceffaire de faire entrer
dans un Ouvrage de cette efpéce,

& qui auroient été fort déplacés
dans les *Lettres*. Voilà pour ceux
qui aiment qu'on donne l'Electricité de la maniere dont on en parle
dans les Académies , & dont les
Sçavans eux-mêmes en parlent dans
leurs converfations particulieres.

Pour ceux qui par état ou par
goût voudroient , pour apprendre
l'Electricité, employer la langue la-
tine & la forme purement fcholafti-
que , je leur préfente la feconde
Partie de mon Ouvrage ; elle leur
eft, pour ainfi dire, confacrée. Après
un *Avant-Propos* dans lequel je leur
ferai toucher au doigt l'infuffifance
de tout ce qui a été fait jufqu'à
préfent en ce genre , je leur don-
nerai la *Théfe de l'Electricité* avec
toute l'étendue dont elle eft fuf-
ceptible. De cette *Théfe* je tirerai

trois grands *corollaires*. Le premier contiendra la queſtion du *Tonnerre* ; le ſecond , celle des *Tremblements de terre* ; & le troiſieme , celle de la *Fluidité* : ce n'eſt que par l'Electricité qu'on peut expliquer d'une maniere raiſonnable ces trois grands phénoménes.

Il eſt tems de terminer cette Préface par la formule ordinaire, c'eſt-à-dire, par l'énumération des avantages qu'en qualité d'Auteur je m'imagine que cet Ouvrage doit avoir ſur la plupart de ceux qui ont paru juſques à aujourd'hui ſur le même ſujet. Ceux-ci ne renferment que trop ſouvent des tatonnements ſans nombre. N'en ſçachons pas mauvais gré à leurs Auteurs ; ils ont compoſé dans un tems où cette matiere n'étoit pas encore bien éclaircie. Le mien eſt à l'abri de ce défaut. Je viens le dernier de tous. Appuyé ſur un grand nombre d'expériences, j'aſſurerai hardiment dans l'occaſion que *telle choſe eſt*, & que *telle autre n'eſt pas.*

Les Ouvrages qui ont précédé le mien, ne ſont utiles qu'à un certain nombre de perſonnes; celui-ci le ſera à tous les états & à toutes les nations : cette queſtion y eſt traitée en françois & en latin, ſuivant la méthode des Académies & ſelon la forme ſcholaſtique.

Les autres Ouvrages ſur cette matiere ne préſentent chacun qu'un ſyſtéme particulier; c'eſt celui que l'Auteur a ou inventé ou adopté. On trouvera dans le mien les différents ſyſtémes de tous les Auteurs connus, avec leurs beautés & leurs défauts, avec ce qu'ils ont de bon & ce qu'ils ont de mauvais.

Pour avoir ce qu'il y a de plus intéreffant fur l'Électricité, il a fallu jufques à préfent, fe procurer, à grands frais, un très-grand nombre de volumes. J'obvie à cet inconvé- nient, en affurant le Public qu'il trouvera dans un feul *Volume in-*12 les plus belles découvertes des Phyfi- ciens électrifants, à commencer de- puis l'immortel Defcartes.

Enfin ce grand nombre de per- fonnes qui fe font procuré les Ou- vrages de M. l'Abbé Nollet, & ceux qui fe les procureront dans la fuite, ne pourront gueres fe difpen- fer d'y joindre celui-ci ; on aime pour l'ordinaire le *pour* & le *contre* ; & cet illuftre Auteur a parlé de l'Électricité, non-feulement dans des Ouvrages qui ne font que fur ce fujet, mais encore dans fes Leçons de Phyfique expérimentale, dont on ne fçauroit trop recommander la lecture aux jeunes Phyficiens. Si j'ai le goût de la bonne Phyfique , j'avoue avec reconnoiffance que c'eft là que je l'ai puifé en très-grande partie.

L'ELECTRICITÉ

L'ÉLECTRICITÉ

SOUMISE

A UN NOUVEL EXAMEN.

PREMIERE PARTIE.

AVANT-PROPOS.

L A Nature présente de tems en tems les phénoménes les plus compliqués & les plus surprenants. Le vulgaire étonné se contente de se livrer à une stérile admiration ; il laisse aux Physiciens attentifs le soin d'en chercher les causes, & d'examiner par quels res-

c

forts fecrets tant de prodiges peuvent s'opérer. Les nouvelles merveilles que la Machine électrique
nous met tous les jours fous les
yeux, ont ouvert à nos recherches
un champ dont l'étendue n'eft que
trop vafte ; & je ne fçais pourquoi
l'ardeur des Phyficiens françois paroit s'être rallentie, dans un tems
où nous pouvons appuyer nos fyftémes fur les expériences les plus nom-
breufes, les plus frappantes & les
plus incontestables.

Voudroit-on par cette inaction
nous faire regarder l'Électricité comme une queftion ifolée & de peu
de conféquence ? Mais il eft sûr
qu'elle eft évidemment liée avec
le fyftéme général de l'Univers, &
qu'il n'eft rien par conféquent de
plus intéreffant que la folution de
ce fameux probléme.

Prétexteroit-on l'impoffibilité mo-
rale de parvenir jamais à découvrir
les caufes phifiques de ces efpéces

de miracles que nous offre tout globe de verre électrisé, & par là même l'inutilité de pareilles recherches ? Mais les travaux glorieux des *Nollet*, des *Jallabert*, des *Franklin*, des *d'Alibard*, &c. &c. démontrent l'injustice & la fausseté de cette maniere de penser ; & la Physique seroit encore ensevelie dans les humiliantes ténebres de l'ancien *Péripatétisme*, si *Descartes* & *Nevvton* se fussent livrés à une aussi dangereuse pusillanimité.

Quelques-uns enfin diront-ils qu'il n'est plus rien à défricher dans un champ qu'on cultive avec tant de soin depuis un certain nombre d'années, & que tout est trouvé, sinon en fait d'expériences, du moins en fait de systémes sur l'Électricité ? Mais ce n'est pas ainsi que le pensent, encore aujourd'hui, les premiers Maîtres de l'art ; & je suis bien assuré que les efforts que j'ai faits pour présenter sous un nouveau

point de vûe cette grande queſtion
de Phyſique, ne ſeront pas déſap-
prouvés par celui * qui a fourni
cette carriere avec tant d'éclat &
tant de ſuccès.

C'eſt à lui ſeul que je parlerai
dans la premiere Partie de cet Ouvrage ; & la maniere dont j'eſpére
de le faire, empêchera tout homme
raiſonnable de trouver étrange que
je m'adreſſe à M. l'Abbé Nollet lui-
même, pour lui dire que tous les
ſyſtêmes que l'on a faits ſur l'Electricité, ſans en excepter le ſien,
ſont ſujets à une foule de difficultés auxquelles je ne vois pas trop
ce qu'on peut répondre. Peut-être
me trompé-je. Mais enfin ſi je ſuis
dans l'erreur, qui pourra mieux m'en
convaincre que cet habile Phyſicien ?
Et ſi mes raiſons ſont ſans replique,
je ſçais, à n'en pouvoir douter,
qu'il s'empreſſera de défendre des
vérités dont l'exiſtence lui ſera pour

* M. *l'Abbé Nollet.*

lors conftatée. Qu'il me foit permis, avant que d'entrer en matiere, de préfenter en peu de mots les premieres notions de l'Electricité ; elles feront néceffaires aux jeunes Phyficiens qui ne fe feroient pas encore fervi de la Machine dont nous allons faire la defcription la plus exacte & la plus détaillée.

La Machine électrique, repréfentée par la Figure 1re, de la Planche 1re, doit être compofée 1°. d'un globe de verre G, dont le diamètre ait environ un pied, & dont l'épaiffeur foit d'une ligne & demie au moins : 2°. d'un tour T, & d'une roue R qui communique avec le globe G par le moyen d'une corde, & qui en tournant lui imprime un mouvement de rotation : 3°. d'un couffinet couvert de peau qui frotte le globe, lorfqu'il eft en mouvement ; il vaut encore mieux le frotter avec la main nue M, pourvu qu'elle foit bien féche : 4°. d'une

c iij

barre de fer , ou d'un tube de fer
blanc **A B** , ſuſpendu par le moyen
de quelques cordons de ſoye **DE**,
F H : la barre de fer, ou le tube de
fer blanc , doit communiquer avec
le globe de verre par le moyen d'un
peu de clinquant **C** , ou d'une petite frange de métal qui s'avance
d'un pouce , & qui puiſſe toucher
impunément ſur la ſuperficie du
verre : 5°. d'un gatteau de réſine ,
ou de verre qui ait 7 à 8 pouces
d'épaiſſeur , & qui ſoit aſſez large
pour appuyer commodément les pieds
de la perſonne qui doit y monter
deſſus ; tel eſt le gatteau **K** ſur lequel ſe trouve placé l'homme électriſé **H** , repréſenté par la Figure 2
de la Planche 2. Voilà ce qu'il y
a d'eſſentiel dans la Machine électrique. Le globe de verre en eſt
comme l'ame. Auſſi nous faiſons-
nous un devoir d'avertir que les
bouteilles de verre noir , connues
ſous le nom de *bouteilles d'Angle-*

terre, font quelquefois préférables aux meilleurs globes. Nous avertirons encore que l'air intérieur du globe ou de la bouteille, doit néceſſairement communiquer avec l'air extérieur. Nous avertirons enfin que l'on a coutume d'appeller *conducteur* le tube de fer blanc A B, ſuſpendu ſur les cordons de ſoye D E, F H, *Fig.* 1. *Pl.* 1. Cela ſuppoſé, venons-en aux notions qui doivent être communes à tous les ſyſtémes raiſonnables que l'on peut propoſer en matiere d'électricité ; elles ſont toutes fondées ſur des faits inconteſtables.

1. On connoit qu'un corps eſt parfaitement électrique, lorſqu'on lui voit attirer & repouſſer les corps légers, tels que ſont les pailles, les plumes, les feuilles de métal : l'électricité d'un corps ſe manifeſte ſur-tout par les bluettes de feu que l'on en tire. Lors donc que vous voudrez ſçavoir ſi le globe G,

frotté par la main M , a rendu parfaitement électrique le conducteur
A B , *Fig.* 1. *Pl.* 1. , vous approche-
rez le bout de votre doigt de ce
même conducteur, à la diftance de
cinq à fix lignes ; & fi vous éprou-
vez une piquure très-fenfible , caufée par une brillante étincelle , vous
conclurez que votre conducteur fe
trouve dans l'état où il doit être ,
lorfqu'on veut faire les expériences
de l'Electricité.

2°. Un corps eft *ifolé* , lorfqu'il
eft fufpendu fur des cordons de
foye , ou bien , lorfqu'il eft pofé fur
la réfine , le verre , en un mot fur
un corps quelconque électrifable par
frottement. Le conducteut AB , *Fig.* 1.
Pl. 1 , & l'homme H , *Fig.* 2. *Pl.* 2,
font donc des corps ifolés.

3°. Prefque tous les corps peuvent devenir électriques ou *par frot-*
tement ou *par communication* ; on
ne peut gueres excepter de cette
régle générale que la flamme & les

autres fluides qui se dissipent par un mouvement rapide.

4°. Les matieres vitrifiées & les matieres résineuses s'électrisent très-facilement, lorsqu'on les frotte, ou avec la main nue, bien séche, ou avec un morceau d'étoffe. Le frottement cependant ne communique pas à ces différentes espéces de corps le même dégré d'électricité. Nous sçavons par expérience qu'à frottement égal, la cire blanche devient moins électrique que la cire d'Espagne, & celle-ci moins électrique que le verre.

5°. Les corps qui ne peuvent pas s'électriser *par frottement*, s'électrisent pour l'ordinaire très-bien, lorsqu'après les avoir isolés, on les fait communiquer par le moyen, ou d'une frange de métal, ou d'une chaine de fer, avec des corps parfaitement électriques. L'on a constamment remarqué que les corps vivants & les métaux sont les deux eſpéces de corps qui reçoivent le plus aiſément & le plus fortement l'électricité par communication.

6°. Les corps qui deviennent électriques *par communication* ne le deviennent preſque jamais *par frottement* ; & les corps qui deviennent électriques *par frottement*, ne le deviennent preſque jamais, ou du moins le deviennent très - peu *par communication*. Le verre cependant acquiert dans certaines expériences une très-forte électricité par voye de communication ; mais c'eſt là une exception à la régle générale ; & le frottement eſt le moyen le plus facile & le plus court que l'on puiſſe employer, pour rendre le verre très-électrique.

7°. Un corps électriſé perd communément toute ſa vertu par l'attouchement de ceux qui ne le ſont pas. En effet pour déſelectriſer un conducteur, il ſuffit qu'une perſonne non iſolée en tire des bluettes , ou le touche avec un corps électrifable *par communication*. Le verre eft encore une exception à cette régle générale. Soit qu'il ait été électrifé *par frottement*, foit qu'il l'ait été *par communication*, il garde cette vertu beaucoup plus long-tems que les conducteurs ordinaires , & l'attouchement ne le défélectrife pas. La bouteille L, *Fig. 3. Pl. 2* , dont nous parlerons dans la fuite fous le nom de *bouteille de Leyde* , donne des marques très-fenfibles d'électricité , après 30 ou 36 heures.

8°. Tout corps électrifé , foit qu'il l'ait été *par frottement* ou *par communication* , eft entouré d'un fluide très-fubtil qui s'étend plus ou moins loin , fuivant que l'électricité eft plus ou moins forte. Ce fluide fert d'athmofphére au corps actuellement électrifé. Pour vous convaincre de tout ceci , faites paffer le revers de votre main le long du conducteur A B , *Fig. 1. Pl. 1* , à

une petite de diſtance de ſa ſurfa-
ce, tandis qu'on continue de frotter le globe : vous ſentirez ſur la
peau une légère impreſſion, à peu-
près ſemblable à celle que pourroit
faire du coton bien cardé : c'eſt là
l'expreſſion dont ſe ſert M. l'Abbé
Nollet. Ce Phyſicien attentif nous
apprend encore que toutes les fois
qu'il a approché le viſage du même
conducteur à cinq ou ſix pouces de
diſtance, il a ſenti une odeur qu'on
peut comparer à celle du phoſphore
d'urine.

9°. Le fluide qui ſert d'athmoſ-
phère aux corps qui ſont dans l'état
actuel d'électriſation, n'eſt pas l'air
groſſier que nous reſpirons, puiſque
les corps s'électriſent dans le réci-
pient de la machine pneumatique,
après que l'on en a pompé l'air.

10°. L'athmoſphére des corps actuellement électriſés, eſt formée par
les particules qui s'élancent conti-
nuellement de leur ſein, & qui ſe

portent plus ou moins loin, fuivant que l'électricité eft plus ou moins forte. Car enfin l'athmofphére des corps électriques a à peu-près la même origine que l'athmofphére des corps odoriférants; mais une véritable *emiffion* produit celle-ci; donc c'eft une pareille *emiffion* qui produit celle-là.

14°. Les athmofphéres électriques ne font pas compofées de la matiere propre des corps électrifés. En effet l'on électrife un globe de verre autant, & auffi long-tems qu'on le veut, fans qu'il en fouffre aucun déchet fenfible; donc la matiere électrique qui en fort, & qui fert à former fon athmofphére, n'eft pas la matiere même du verre; donc en général les athmofphéres électriques ne font pas compofées de la matiere propre des corps électrifés.

12°. Le fluide fubtil qui compofe l'athmofphére des corps électrifés, s'infinue fans peine à travers les corps les plus durs & les plus com-

pacts. Pour vous en convaincre,
mettez des fragments de feuilles d'or
dans le vafe V, *Fig. 2. Pl. 2*; cou-
vrez ce vafe d'une plaque de métal;
la main électrifée M agitera très-
vivement toutes ces feuilles. Donc
le fluide fubtil qui compofe l'athmofphére des corps électrifés, s'infinue fans peine à travers les corps
les plus durs & les plus compacts.

13°. On foupçonne avec affez de
raifon que la matiere électrique traverfe plus difficilement l'air, qu'elle
ne traverfe les corps électrifables
par communication, tels que font les
corps vivants, les métaux, &c. Ce
foupçon eft fondé fur l'expérience
fuivante. Si la machine électrique
fe trouve dans un lieu obfcur, &
que vous préfentiez le bout de votre
doigt, ou quelque morceau de métal à l'extrêmité du *conducteur* électrifé; vous remarquerez que les
rayons enflammés de l'aigrette électrique fe courberont & fe plieront

pour entrer dans le métal, ou dans votre doigt ; ce qu'ils ne feroient pas fans doute, s'ils n'y trouvoient pas une entrée plus libre, que dans l'air qui les environne.

14°. Le fluide fubtil qui compofe l'athmofphére des corps électrifés, & que nous pouvons appeller *matiere électrique*, fe trouve plus ou moins abondamment dans tous les corps ; l'on peut même conjecturer que cette matiere eft répandue par tout, & qu'elle n'a befoin que d'un tel degré de mouvement pour fe rendre fenfible. Ce n'eft qu'en partant d'un pareil principe, qu'on peut expliquer d'une maniere raifonnable comment l'électricité fe communique, prefque en un inftant, par une corde de plus de douze cens pieds, à laquelle on a fait faire un très-grand nombre de tours & de retours.

15°. La matiere électrique eft une véritable matiere ignée, c'eft un véritable feu qui, pour agir avec plus de force , s'unit à des parties hétérogenes qu'il trouve ou dans les corps qu'on électrife , ou dans l'athmofphére de ces corps. Nous apporterons dans le cours de cet Ouvrage les expériences les plus décifives en faveur de cette affertion ; elles feront toutes à peu-près de la force de celle-ci. Ayez dans une cueiller de métal de l'efprit de vin, ou toute autre liqueur inflammable , légérement chauffée ; préfentez le tout à l'homme électrifé , placé fur le gatteau de réfine K , *Fig.* 2. *Pl.* 2 ; il allumera infailliblement cette liqueur , en en approchant le bout du doigt. Prenez garde que le doigt qui doit caufer l'inflammation , ne touche la liqueur ; l'effet doit avoir lieu , lorfqu'il en eft à une diftance de quelques lignes. S'il eût été plongé par mégarde , il faudroit , ou l'effuyer , ou en préfenter un autre ; fans cette précaution vous vous expoferiez à manquer l'expérience.

16°. Un

16°. Un corps, à force d'être électrisé, ne perd pas son électricité. Un globe de verre, *par exemple*, n'en paroit que plus électrique, après avoir été électrisé deux à trois heures de suite.

17°. L'électricité réussit mieux dans un tems sec, que dans un tems humide ; elle réussit mieux en hyver, qu'en été : nouvelle preuve que la matiere électrique est un véritable feu. L'expérience nous ayant appris que le feu ordinaire n'agit jamais avec plus de force sur le bois, que lorsque la bize souffle, ou lorsque le tems est bien froid ; devons-nous être étonnés que l'action du feu électrique soit plus violente, j'ai presque dit plus terrible, dans le tems des glaces & des frimats, que dans toute autre saison de l'année ? Aussi ne doit-on dans ce tems-là s'approcher de la Machine électrique qu'avec de grandes précautions ; telle ou telle expérience ne seroit

d

que trop capable de donner la mort aux perſonnes les plus robuſtes & les plus intrépidés.

18º. On peut ſe ſervir de la Machine électrique pour communiquer aux corps une plus grande fluidité. Nous ſommes ſûrs que l'eau électriſée coule avec beaucoup plus de viteſſe, que la même eau non électriſée; & nous croyons être en droit d'avancer que cet écoulement accéléré ne peut s'expliquer d'une maniere phiſique, qu'en ſuppoſant que l'eau reçoit par l'électriſation une véritable augmentation de fluidité. Cette découverte nous a paru ſi intéreſſante, que nous en avons fait la matiere d'une Lettre particuliere; c'eſt la ſixieme de la premiere Partie de cet Ouvrage. Le Lecteur pourra examiner à loiſir la nature des preuves dont nous nous ſommes ſervis pour étayer notre ſentiment. Contentons-nous pour le préſent de lui mettre ſous les yeux l'expérience que nous regardons comme le fondement de notre affertion.

Prenez deux gobelets égaux de verre A & B, *Fig.* 2. *Pl.* 1 ; rempliffez-les de la même eau ; & fervez · vous, pour les vuider , de deux fiphons égaux C & D , dont la plus longue branche foit terminée en tube capillaire. Par le moyen de la chaine de fer *e* , faites communiquer avec le conducteur *m* , *n* l'eau contenue dans le gobelet A ; & ne donnez aucune communication de l'eau dont eft rempli le gobelet B , avec ce même conducteur. Dès l'inftant que vous ferez jouer la Machine électrique, vous verrez l'eau électrifée couler avec beaucoup de rapidité par l'extrêmité du fiphon C , tandis que l'eau non électrifée continuera à ne couler que goutte à goutte par l'extrêmité du fiphon D.

19°. L'électricité augmente fenfiblement le mouvement des fucs dont les plantes tirent leur nourriture , &

contribue par là même à leur végétation. M. Jallabert prit divers oignons de jonquille, de jacinthe & de narcisse, qu'il posa suivant la coutume sur des caraffes de verre pleines d'eau. Il choisit, pour cette expérience, des oignons dont la plupart avoient déja poussé des racines; & dont quelques-uns même avoient des boutons à fleur assez avancés. Il mesura la longueur des racines, des tiges & des feuilles de ces oignons. Il électrisa l'eau contenue dans quelques-unes de ces caraffes, au moyen de certains fils d'archal qu'il y fit plonger, & qui partoient du conducteur de la Machine électrique. La différence du progrès des oignons électrisés, comparé à celui d'autres oignons de même espéce également avancés, & traités de même, à l'électrisation près, fut très-sensible. Les oignons électrisés augmenterent plus en feuilles & en tiges; leurs feuilles s'étendirent

d'avantage , & leurs fleurs s'épa-
nouirent plus promptement.

M. l'Abbé Nollet a fait une expérience à peu-près femblable fur de la
graine de moutarde. Une égale quantité de cette graine femée dans deux
vafes de métal , égaux , pleins de la
même terre , expofés au même foleil ,
& dont l'un étoit électrifé , 5 , 6 , 7
heures par jour , végeta d'une maniere
bien différente. La graine électrifée
leva plus vite , & fit conftamment plus
de progrès ; enforte que le huitieme
jour elle avoit pouffé des tiges de 15
à 16 lignes de hauteur , tandis que
les plus longues tiges de la femence
non électrifée qui avoit germé , n'ex-
cedoient pas 3 à 4 lignes.

20°. L'Électricité n'eft pas un phénoméne de pure curiofité. On s'en eft
fervi avec avantage pour la guérifon
de plufieurs maladies. Il eft fûr que
par le moyen de la Machine électrique , M. Jallabert a diffipé une para-
lyfie très-invétérée. Le malade étoit
un ferrurier de Genéve , appellé No-

gués, âgé de 52 ans, & depuis long-
tems paralytique du bras droit. M.
Jallabert l'électrifa depuis le 26 Décembre 1747, jufqu'à la fin de Février 1748, environ demi heure,
prefque chaque jour. Après ces épreuves on vit Nogués prendre une groffe
barre de fer, & la lever en la tenant
par le bout. J'ai connu des perfonnes
très-refpeclables qui ont fait exprès
le voyage de Genéve, pour examiner
le fait ; elles m'ont affuré qu'il n'y
avoit rien d'exageré dans la rélation
que nous en a donnée M. Jallabert
dans fon Ouvrage fur l'Électricité.

M. de Sauvages nous raconte dans
fes Ouvrages qu'il a guéri à Montpellier plufieurs paralytiques, en les électrifant. Ses deux cures les plus frappantes font celles d'un nommé Garoufte & d'un nommé Lafoux. Le premier, âgé de 70 ans, étoit depuis
10 ans paralytique de la moitié du
corps ; il étoit prefque privé de la vûe,
& il avoit une foibleffe de reins qui le
mettoit hors d'état de fe lever, fans

l'aide de quelqu'un. M. de Sauvages l'électrifa le 29, le 30 & le 31 Janvier, le 1, le 4, le 6, le 7, le 10, le 13, le 14, le 15, le 16, le 17, le 18, le 19, le 23 & le 27 février 1749. Le 31 Janvier Garoufte fut en état de lire un livre d'un très-petit caractere, & il marcha fans baton. Le 4 Février il marcha encore plus librement, & il coula de fes yeux beaucoup de larmes. Le 19 du même mois fa vûe fe fortifia, & la douleur qu'il reffentoit auparavant dans les reins, fe diffipa entierement. Enfin le 27 Février Garoufte jouit d'une parfaite fanté.

Pour Lafoux, il n'étoit âgé que de 15 ans. Dès l'enfance il fut paralytique de la moitié du corps. M. de Sauvages l'électrifa à Montpellier, prefque tous les jours depuis le 8 de mars, jufqu'au 3 de mai 1749. Le 18 mars Lafoux leva de terre une chaife. Le 20 il frappa des coups de marteau. Le 25 il étendit librement le pouce de la main malade, courbé auparavant,

& caché fous les autres doigts. Le 9 avril le malade marcha librement. Enfin le 3 mai le malade fe trouva parfaitement guéri.

Les Paralitiques ne font pas les feuls malades qu'on puiffe électrifer avec efpérance de guérifon. M. de Sauvages nous raconte encore qu'en la même année 1749 , il électrifa trois fois à Montpellier un nommé Julian , & que cela fuffit pour diffiper des vertiges opiniatres qui lui obfcurciffoient la vûe , & qui le faifoient marcher d'un pas chancelant.

N'entrons pas dans un plus long détail ; celui que nous venons de faire eft affez curieux , pour engager les jeunes Phyficiens à fe mettre au fait d'une Machine, par le moyen de laquelle on opére de fi grandes merveilles. Nous efpérons que la lecture de notre Ouvrage leur mettra fous les yeux tout ce qu'il y a d'effentiel à fçavoir fur une matiere auffi intéreffante , foit pour la théorie , foit pour la pratique.

LETTRES

LETTRES
SUR L'ÉLECTRICITÉ

A M. L'ABBÉ NOLLET

De l'Académie Royale des Sciences, de la Societé Royale de Londres, de l'Institut de Bologne, &c. Maître de Physique & d'Histoire naturelle des Enfans de France, & Professeur Royal de Physique expérimentale au College de Navarre.

PREMIÈRE LETTRE.

Cause de la dispute présente. Régles qu'on est résolu d'y observer. Sujets des différentes Lettres qui composent ce Recueil.

MONSIEUR,

J'AI lu avec un plaisir infini les nouvelles Lettres que vous venez de donner au Public sur l'*Electricité*, & dont vous avez eu la bonté de m'en-

A

voyer un exemplaire , presque à l'inftant qu'il est sorti de la presse. J'ai été
infiniment sensible à cette marque non
équivoque de votre précieux souve-
nir , & je puis vous assurer que la
grandeur de ma reconnoissance ne le
céde qu'à la grandeur de l'estime que
je conserverai toute ma vie pour un
Physicien d'un mérite aussi distingué
que le vôtre.

Parmi les Lettres dont votre excel-
lent Recueil est rempli , vous com-
prenez qu'il en est une que j'ai lue
avec plus d'attention & avec plus
d'intérêt que les autres ; c'est celle
que vous m'avez fait l'honneur de
m'adresser , en réponse à l'article
Electricité de mon grand Dictionnaire
de Physique. La lecture réfléchie que
j'en ai faite , m'a bien convaincu qu'il
est dans cet article plusieurs explications qui ne sont pas trop de votre
goût ; mais comme *c'est une maxime*
reçue parmi nous , que les raisons va-
lent mieux que les autorités (*Tom. 6*

des Leçons de Physique , pag. 364), vous ne serez pas sans doute surpris , Monsieur , que je ne souscrive pas tout de suite à ma condamnation. C'est donc pour établir de plus en plus la solidité de mes conjectures sur les causes physiques des phénoménes électriques , & leur exacte conformité avec les loix les plus inviolables de la Méchanique , que je me détermine à entrer avec vous dans une dispute réglée ; elle ne sçauroit manquer de tourner au profit des sciences , si elle vous engage à enrichir la République littéraire de quelque nouvelle production.

Je me rappelle ici fort à propos ce que vous avez avancé dans votre *Essai sur l'Electricité (seconde édition, pag.* 247 & 248) que pour disputer raisonnablement & d'une maniere intéressante , il faut premierement s'entendre ; ensuite fixer les objets de la dispute , & ne point passer d'une question à l'autre , quand il s'agit de ré-

A 2

foudre une difficulté ; il faut enfin
montrer de part & d'autre une bonne
foi irréprochable , qui établiſſe la confiance entre les parties belligérentes.
Voilà des régles infiniment ſages auxquelles je me ſoumets de grand cœur,
& que je ſuis réſolu de garder avec
l'exactitude la plus ſcrupuleuſe ; &
pour vous en convaincre dès le commencement de la diſpute , je vais
vous préſenter , comme ſous un point
de vue général, tout ce que j'ai à vou
dire dans les différentes Lettres que
je prends la liberté de vous adreſſer.

Mes conjectures ſur les cauſes phyſiques des phénomenes électriques ,
préſentées avec le plus d'ordre & le
plus de clarté qu'il me ſera poſſible :
La différence qui ſe trouve entre ma
théorie & celle des plus célébres Phyſiciens électriſants ; voilà ce qui va faire
la matiere des deux Lettres qui ſui-
vront immédiatement celle-ci. Je les
regarde comme les plus eſſentielles de
ce Recueil ; ce ſera là que je ne crain-

drai pas de vous renvoyer, lorsque je vous prierai de prononcer une seconde fois sur la nature de mes explications.

A ces premieres Lettres en succéderont quatre autres dans lesquelles je répondrai aux objections que vous faites contre la maniere dont je ramène aux Principes de la Méchanique les phénoménes électriques les plus frappants & les plus intéreffants. Ce n'est point, je vous l'affure, un excès de fenfibilité qui me porte à prendre ce parti ; les termes dont je me fervirai, vous prouveront que mon objet principal est de procurer le progrès & l'avancement d'une fcience qui vous doit tant de belles découvertes, & à laquelle à votre tour vous devez l'immortalité dont vos Ouvrages ne fçauroient manquer de jouir.

Ma huitieme Lettre pourra fervir de fupplément à l'hiftoire de l'électricité dans laquelle vous jouez un fi beau rolle. Elle vous convaincra que mon eftime pour Defcartes & pour les autres Auteurs qui ont écrit avant vous fur cette matiere, ne diminue pas celle dont je fuis pénétré pour le Chef des Phyficiens électrifants; car c'eft là le titre que je ne crois pas qu'on puiffe raifonnablement vous refufer, lors même qu'on ne fuit pas le fyftéme que vous avez propofé.

Enfin ma neuvieme & derniere Lettre roulera fur le tonnerre que vous avez été des premiers à regarder comme le plus effrayant des effets de l'électricité. J'expliquerai ce terrible météore, dabord fuivant les Principes que vous avez établis dans votre théorie, & enfuite fuivant ceux que j'ai adoptés dans mon hypothéfe; & je foumettrai au jugement du public l'une & l'autre de ces explications. S'il me condamne, je vous affure que je n'en ferai pas honteux. Quelle honte pourroit il y avoir à être vaincu par un Auteur, des éloges duquel le Monde fçavant retentit depuis un fi grand nombre d'années!

Avant que d'entrer en matiere, permettez-moi, Monfieur, de difcuter un fait dont vous croyez que des gens ignorans ou mal intentionnés pourroient abufer, pour traiter d'*imagination* tout ce que vous avez écrit fur l'Electricité. Vous me reprochez, au commencement de votre Lettre (*a*), d'avoir donné mal à propos le nom de *conjecture* à ce que vous appellez fpécialement votre *fyftéme*; & vous me dites, auffi poliment que peut le faire un homme qui fe plaint, qu'il y a plus de 15 ans que les noms de *conjecture* & d'*hypothéfe* ne conviennent plus à la théorie que vous avez tirée de l'expérience. Ce n'eft pas ici le lieu d'examiner fi ce que vous avancez fur les *pores des corps électrifés* (*b*), & fur la *fimultanéité réelle & phyfique des deux courans oppofés* (*c*), ne préfenteroit rien d'arbitraire & de hazardé; nous aurons occafion de le faire dans la fuite. Mais ce que je ne fçaurois m'empêcher

A 4

de vous rappeller , c'eſt que le ſyſtéme que vous avez expoſé dans le ſixieme volume de vos leçons de Phyſique expérimentale , c'eſt-à-dire , le
ſyſtéme que vous ſoutenez aujourd'hui,
eſt préciſément le même , que celui
que vous expoſâtes , il y a 14 ans ,
dans la ſeconde édition de votre
Eſſai ſur l'*Electricité.* Vous crutes alors
devoir lui donner le nom de *conjectu-*
res ; pourquoi paroître maintenant
étonné que je me ſois ſervi d'un terme
que nulle raiſon & nulles preuves nouvelles ne m'ordonnent de changer ;
d'un terme que je n'ai employé , que
pour ne pas vous confondre avec ces
Auteurs hardis & préſomptueux qui
voudroient aſſujettir tous les Phyſiciens à leur maniere de penſer ; d'un
terme enfin qui ſuppoſe que perſonne
n'a encore donné la Phyſique avec
plus de prudence & plus de ſageſſe
que vous (*d*). Cependant puiſque
cette expreſſion vous déplaît , je vous
promets de ne m'en jamais ſervir , à

l'occasion de votre théorie. Je déclare même que je ne lui donne le nom de syftême, que dans le bon fens, c'eft-à-dire, en la regardant comme un *affemblage de Propofitions fondamenta-les dont chacune a des preuves.* Pour ce qui me concerne, non-feulement je confens, mais encore je fouhaite que l'on donne le nom de *pures conjectures* à tout ce que je vais dire dans la Lettre fuivante fur les caufes phyfiques des phénoménes électriques. J'ai l'honneur d'être, &c.

Notes pour la premiere Lettre.

(A) C'eft ainfi que me parle M. l'Abbé Nollet : Vous dites dans votre préambule, que j'ai fuivi l'exemple de ces Phyficiens qui n'ont donné leurs découvertes en Electricité que comme de pures conjectures. Si cela étoit vrai, & que mes feuls Ouvrages fur cette partie de la Phyfique m'euffent affuré l'immortalité, comme vous me faites la grace de le dire dans le même endroit, il faudroit convenir que la récompenfe auroit prodigieufement furpaffé le mérite. Non, mon R. P. rien de ce que j'ai fait n'eft capable de m'immor-

talifer ; mais auffi j'ofe vous affurer que mes
Ouvrages fur l'Electricité, ne font pas de pures conjectures. Il eft vrai que mon premier
Mémoire fur cette matiere, eft intitulé : *Conjectures fur la caufe des phénoménes électriques.*
Mais il a 20 ans de date. Depuis cette premiere tentative qui préfentoit pourtant plus
que de pures conjectures, j'ai publié (&
vous ne l'ignorez pas fans doute) fur le même
fujet, quatre volumes, dans lefquels on peut
voir fi je n'ai pas prouvé par les faits les plus
fûrs & les plus évidents, tout ce que j'avois
conjecturé alors. Il y a plus de 15 ans que les
noms de *conjecture* & *d'hypothefe* ne conviennent plus à la théorie que j'ai tirée de l'expérience. J'explique les phénoménes électriques
par un certain nombre de propofitions fon-
damentales dont chacune a fes preuves. Si
l'on veut leur conferver le nom de fyftéme,
bene fit ; mais qu'on fe fouvienne qu'un fyftéme n'eft pas toujours un affemblage de fup-
pofitions hazardées, ou fimplement probables ; celui-ci gît en faits bien conftatés &
bien décififs. Je rends juftice à vos intentions;
je penfe qu'en écrivant ce que je viens de
relever, vous n'avez pas prévu l'abus qu'on
en pourroit faire. Je n'en parle donc que
pour fermer la bouche à certaines gens, qui
ne m'ont peut-être jamais lu, & qui prennent
encore plaifir à traiter d'*imaginations*, *d'hypothéfes*, &c. tout ce que j'ai écrit fur l'Electricité. *Lettre* 19ᵉ. *fur l'Electricité*, *pag*. 181.
& 182.

Voilà les plaintes de M. l'Abbé Nollet , & voici ma justification dans toutes les formes ; elle n'est qu'indiquée dans ma Lettre.

Lorsque je composois mon grand Dictionnaire de Physique , je me fis une loi inviolable de rapporter les divers sentimens des Auteurs , tels qu'ils sont donnés dans leurs propres Ouvrages. Lorsqu'il fut question d'exposer le systéme de M. l'Abbé Nollet sur les causes physiques des phénoménes électriques , je pris son *Essai sur l'Electricité* ; & je copiai mot par mot son systéme , tel qu'il est exposé , *pag. 138 & suivantes.* Ce systéme a pour titre , *conjectures tirées de l'expérience sur les causes de l'électricité.* Pouvois-je lui donner un titre différent , sans manquer à la sage loi que je m'étois imposée ?

L'on ne me dira pas sans doute que j'aurois dû consulter , non pas *l'Essai sur l'Electricité* , mais le *Tome sixiéme des leçons de Physique expérimentale du même Auteur* ; & que là je n'aurois pas trouvé son systéme proposé d'une maniere conjecturale ; on doit sçavoir que l'édition de mon Dictionnaire a précédé de 3 ou 4 ans celle de ce sixiéme volume. D'ailleurs le titre de *conjectures* a été donné dans une occasion où il renfermoit l'éloge même de M. Nollet. L'on en jugera par ce qui suit ; c'est le commencement de l'article *Electricité* de mon grand Dictionnaire.

Il étoit réservé à notre siecle de produire , par le moyen de la machine électrique , les phénoménes les plus surprenants. Depuis en-

viron 50 ans les plus grands Physiciens se sont
occupés à en chercher les causes. Les uns,
timides & pusillanimes, ont avoué qu'on ne
pouvoit rien prononcer sur une matiere aussi
obscure; les autres, hardis & présomptueux, ont
proposé des systémes dans les formes, & ont
voulu assujettir tous les Physiciens à leur maniere de penser; quelques-uns enfin, plus sa-
ges & plus retenus, n'ont donné leurs découvertes en ce genre que comme de pures
conjectures. M. l'Abbé Nollet, à qui ses seuls
ouvrages sur l'électricité auroient assuré l'immortalité, a suivi l'exemple de ces derniers :
je n'ai rien vû de meilleur, que ce qu'il a
composé sur cette matiere; aussi nous a-t-il
servi de guide dans une route encore si peu
frayée. *Grand Dictionnaire de Physique, Tome*
2. pag. 25.

(*b*) M. l'Abbé Nollet soutient que *les pores*
par lesquels la matiere électrique sort du corps
électrisé, ne sont pas en aussi grand nombre que
ceux par lesquels elle y entre; & c'est en preuve
de cette assertion, qu'il apporte l'expérience
suivante : Quand on électrise une barre de fer,
sur laquelle on a répandu du son de farine,
on voit d'abord toutes les parties les plus gros-
sieres emportées par la matiere électrique qui
s'élance du corps électrisé : mais aussi l'on ob-
serve constamment que toute la surface du fer,
quoiqu'électrique, demeure couverte d'une
poussiere impalpable. *Essai sur l'électricité,*
seconde édition, pag. 82. Je n'examine pas ici
quel est le degré de bonté de cette preuve; le

Phyſicien qui s'en ſert, eſt incapable d'en apporter de poſitivement mauvaiſes. Mais je ſuis bien ſûr qu'une pareille preuve ne formera jamais une démonſtration.

(*c*) Le même Phyſicien prétend *qu'un corps électriſé lance de toutes parts des rayons de matiere électrique qui s'étendent en lignes droites dans l'air, ou dans les autres corps d'alentour; & que tant que durent ces émanations, une pareille matiere vient de toutes parts au corps électriſé.* Pour le prouver, il rapporte l'expérience ſuivante : ſi l'on met ſur la main d'un homme qu'on électriſe, un carton couvert de fragments de feuilles de métal, & que ſous la même main de cet homme, on préſente de pareils fragments à 5 ou 6 pouces de diſtance ; on remarquera que ceux-ci ſeront attirés, tandis que les autres s'élanceront en l'air. *Même ouvrage, pag.* 76. Cette expérience ne prouve que la ſimultanéité ſenſible, & non pas la ſimultanéité réelle & phyſique des deux courans électriques. Pour établir la derniere eſpéce de ſimultanéité, il faudroit que le *plein parfait* exiſtât. Or les Newtoniens démontrent qu'il n'exiſte, ni dans les eſpaces céleſtes, ni même dans l'athmoſphere terreſtre.

(*d*). Reliſez, pour vous en convaincre, la fin de la note *a*.

SECONDE LETTRE.

Conjectures nouvelles sur les causes phy-
siques des phénoménes électriques.
Réponses à quelques objections de
M. l'Abbé Nollet contre ces con-
jectures.

VOUS avez expérimenté cent
fois, Monfieur, que lorfque
celui qui frottoit le globe de votre
Machine électrique, vouloit recevoir
l'électricité, il ne manquoit pas de
mettre un gâteau de réfine fous fes
pieds. Les bluettes que vous avez ex-
citées en approchant alors votre main
de la fienne, ont toujours été très
réelles & très fenfibles. De cette expérience, dont perfonne avant moi
n'avoit fait aucun ufage pour ramener aux principes les plus fimples de la
Méchanique tous les phénoménes de
l'électricité, j'ai conclu que toute la
matiere qui fort du globe de verre

n'enfile pas le tube de fer blanc ; que
celle qui se répanddans l'air n'y est
pas oisive ; qu'on peut tirer grand
parti du courant électrique qui ne va
pas dans le tube ; qu'en un mot cette
expérience , toute simple , toute connue qu'elle étoit des Physiciens , pouvoit donner occasion de faire des conjectures nouvelles , mais en même
tems plausibles , sur les causes physiques des phénomènes électriques.
Avant que de vous les proposer ,
Monsieur , je vous avouerai ingenue-
ment que j'ai eu de la peine à bien comprendre la partie de votre Lettre que
j'ai cru devoir vous remettre ici sous les
yeux. (*a*) J'ai relu avec toute l'attention possible l'article *Electricité* de
mon grand Dictionnaire de Physique,
& je ne vois pas comment , en le li-
sant , vous avez pu soupçonner que je
prétendois enlever aux partisans de
M. Franklin l'honneur d'avoir parlé
avant moi des *électricités en plus & en
moins* , & à vous la gloire d'avoir fait

étinceller une enclume ifolée , en la
tenant fufpendue à plus d'un pied du
globe. Tout ce que j'ai avancé , & tout
ce que j'avance encore , c'eft que perfonne, avant moi, n'a faitufagede l'expérience dont il s'agit, pour en tirer des
Principes qui ayent quelque rapport
avec ceux que je vais vous mettre
fous les yeux. Leur *enfemble* formera
ma nouvelle théorie , ou pour parler
plus exactement , mes nouvelles conjectures fur les caufes de l'électricité.
Vous vous rappellerez , s'il vous plaît,
cette loi inviolable de l'hydroftatique
qui dit que *deux fluides femblables ne
peuvent pas fe toucher , fans fe mêler
enfemble , & fe mettre en équilibre l'un
avec l'autre.*

1°. Je regarde la matiere qui fort
du globe de verre , comme divifée en
deux courans , dont l'un enfile le tube
de fer blanc , & l'autre fe répand dans
l'air ; puifque le tube fufpendu fur des
fils de foye , & le frotteur ifolé fur le
gâteau , font électrifés en même tems.

Vous

Vous ne révoquerez pas en doute, Monfieur, cette première propofition ; vous m'avertiffez dans vôtre Lettre qu'aucun Phyficien n'a jamais prétendu que toute la matiere électrique, émanée du globe, paffât dans le conducteur ; & vous me faites part à cette occafion de deux belles expériences qui prouvent que le courant électrique qui n'enfile pas le tube, peut, je ne dis pas électrifer *à demi*, mais encore faire étinceller des corps électrifables *par communication*, pourvu qu'ils foient ifolés, & qu'ils ne foient pas éloignés de la Machine.

2°. Le premier courant rend le tube de fer blanc *totalement électrique*, puifque l'on en tire des bluettes très vives. Le fecond met en mouvement la matiere électrique répandue dans l'air, & rend feulement à *demi électrique* tout ce qui environne la Machine *fans être ifolé*, pourvu qu'il foit électrifable par communication. Cette conjecture eft fondée fur le raifonne-

B

ment fuivant : Le courant électrique
qui fe répand dans l'air , électrife *to-*
talement des corps ifolés , peu éloignés de la Machine ; donc il électrife
à demi de femblables corps non ifolés
qui entourent la même Machine :
pour n'être pas ifolés , en devien-
droient-ils inélectrifables ? Quiconque n'accorderoit pas cette conféquence , feroit capable de foutenir
que la flamme qui confume prefque
à l'inftant le bois fec , ne doit avoir
aucune action fur le bois verd.

3°. Les corps *totalement* électrifés
font entourés d'une athmofphére denfe ; & ceux qui ne font électrifés qu'*à*
demi , font entourés d'une athmofphére rare.

4°. Lorfqu'un corps *à demi électri-*
que s'approche d'un corps *totalement*
électrique , alors l'athmofphére de celui-ci , par la loi de l'équilibre entre
deux liquides homogénes , fe porte
vers l'athmofphére de celui-là , à peu
près comme l'air extérieur fe porte

vers l'air contenu dans une chambre dans laquelle on vient d'allumer du feu. Ces deux athmosphéres composées de particules inflammables, se mêlent, se choquent, & par là même s'enflamment.

5°. Le mêlange & l'inflammation dont je viens de parler, sont la vraie cause du petit bruit dont la bluette est accompagnée, parce que l'air placé entre l'athmosphere dense & l'athmosphére rare, est chassé par le mêlange & dilaté par l'inflammation.

6°. Les deux courans qui font le fondement de cette hypothése, peuvent être regardés comme une *Electricité effluente*. La matiere que ces deux courans déterminent à se rendre dans le globe, & les deux courans eux-mêmes, réfléchis, totalement ou en partie, vers le même globe par les couches de l'air environnant, font une veritable *Electricité affluente*. Jé distingue donc à votre exemple, Monsieur, mais dans un sens bien différent , la matiere électrique en *effluente*, & *affluente*. La premiere fort du globe de verre , & rend certains corps *totalement* , & certains autres *à demi électriques*. Le frottement & le mouvement de rotation font les caufes phyfiques de l'*effluence* qui fe fait du fein même du globe. Ces caufes font plus que fuffifantes pour donner une pareille émiffion , puifque le mouvement le plus fimple fait fortir un grand nombre de particules du fein des corps odoriférants. Pour ce qui regarde la *matiere affluente* , j'admets non-feulement la matiere électrique qui fe porte de l'air dans le globe de verre, mais encore la *matiere effluente* elle-même , que les couches de l'air environnant réfléchiffent fouvent vers le globe *totalement* ou *en partie* ; peut-être eft-ce pour cela que l'électricité eft plus forte pendant l'hyver où l'air eft très denfe & très-élaftique , que pendant l'été où l'air eft affez rare , & a affez peu de reffort. La loi de l'équi-

libre entre deux liquides homogénes,
dont l'un fait des pertes très confidérables & l'autre les répare ; le plein
prefque parfait autour de la Machine ;
la réfiftance de l'air ; le mouvement
communiqué au feu électrique qui
réfide dans l'athmofphére terreftre,
font donc les caufes phyfiques de
l'*affluence*, tantôt d'une nouvelle,
tantôt de la même matiere vers le
fein du globe de verre.

7°. Il y a fouvent un choc très violent entre la matiere *effluente* & la
matiere *affluente*, puifque celle-là
fort du globe en même tems que celle-
ci s'y rend. Cette *fimultanéité* eft-elle
réelle & phyfique, ou bien n'eft-elle
que fenfible ? Nous pouvons encore
renvoyer l'examen de cette queftion ;
l'une & l'autre *fimultanéité* produifent
précifément les mêmes effets.

Tels font, Monfieur, les principes
fimples & lumineux que je crois devoir
pofer ici, pour expliquer dans la fuite,
d'une maniere probable, les phénomé-

nes électriques les plus difficiles & les
plus compliqués. Examinez-les avec
attention , je vous prie , & vous verrez si je mérite les espéces de repro-
ches que vous me faites dans la partie
de votre Lettre que je viens de rapporter. Vous me dites d'abord que
bien long-tems avant moi les partisans de M. Franklin ont fait usage des
électricités *en plus* & *en moins*. Je les
en félicite de tout mon cœur ; mais
je suis bien assuré que les miennes &
les leurs n'ont rien de commun que
le nom. (*b*) Personne avant moi , que
je sache , n'a pensé à regarder comme
à demi électriques des corps non isolés ; beaucoup moins a-t-on pensé à
leur donner des athmosphéres électriques rares , & à tirer de leurs com-
bats avec des athmosphéres électriques denses une foule de nouvelles
explications.

Vous m'avertissez ensuite qu'aucun
Physicien n'a jamais prétendu que
toute la matiere électrique , émanée

du globe, paſſât dans un tube de fer blanc diſpoſé pour être conducteur. Je vous remercie de cet avis ; vous voyez que je m'en ſuis ſervi pour donner à mes nouvelles conjectures un nouveau degré de probabilité. Pour me convaincre de plagiat, il faudroit que quelque Phyſicien avant moi ſe fût ſervi, comme je le fais, du courant électrique qui n'enfile pas le tube de fer blanc ; je ne crois pas en ce point avoir été prévenu par perſonne.

Vous prétendez enfin que le courant électrique qui ſe diſperſe dans l'air ambiant, électriſe *totalement* des enclumes & des hommes iſolés. Eh, Monſieur, qui a penſé jamais à vous le diſputer ? Ces deux expériences que j'ai faites cent fois ſur des corps moins peſants, (*c*) n'ont ſervi qu'à me confirmer dans mes premieres idées. Vous ne pouvez attaquer mon ſyſtéme, qu'en me prouvant par quelque bon raiſonnement, ou par quelque nouvelle expérience, que le courant élec-

trique qui fe difperfe dans l'air ambiant, ne communique aucune forte
d'électricité aux corps non ifolés qui
environnent la machine, & qui font
électrifables par communication. En
attendant votre réponfe, j'ai l'honneur d'être, &c.

Notes pour la feconde Lettre.

(*a*) Quand vous prites le parti de confacrer
trois mois de votre tems à faire des recherches
fur la caufe phyfique des phénoménes électriques, pour tâcher de diffiper ce pirronif-
me, dont la lecture d'aucun ouvrage n'avoit
pu vous guerir apparemment, il y avoit bien
8 ans que les partifans de M. Franklin faifoient valoir de leur mieux, en faveur des
Electricités *en plus* & *en moins*, cette expérience dont vous vous avifates enfin, & dont
vous penfiez que perfonne n'avoit encore fait
ufage : fi c'eft là ce qui a diffipé vos ténébres,
il tenoit à bien peu de chofes que vous ne
viffiez auffi clair que vous le defiriez : aucun
Phyficien que je fçache, n'a jamais prétendu
que toute la matiere électrique, émanée
du globe, paffât dans un tube de fer blanc
difpofé pour être conducteur; de tous ceux
qui ont fait des expériences électriques il en
eft

est peu, je crois, qui ignorent que tout corps électrisable qui se trouve isolé dans la sphére d'activité du verre que l'on frotte, reçoit l'électricité suivant qu'il est plus ou moins susceptible de cette vertu ; & vous êtes dans l'erreur, si vous croyez que la portion de matiere qui se disperse dans l'air ambiant, ne puisse électrifer qu'*à demi*, comme vous dites ; j'ai vû maintes fois une enclume suspendue à plus d'un pied du globe, étinceller, sans comparaison plus fortement que le tuyau de métal qui servoit en même tems de conducteur pour d'autres fins : vous verrez aussi, quand il vous plaira, que votre homme électrisé *à demi*, lorsqu'il frotte le globe, le fera autant que l'autre, si toujours monté sur le gatteau de résine, il tient sa main à une petite distance du verre, que vous ferez frotter par un troisieme : cependant, selon vos idées, cet homme en recueillant la matiere électrique de plus loin, devroit étinceller encore plus foiblement, que quand il a sa main appliquée au globe. *Lettre* 19e. *sur l'Electricité pag.* 182 *& suivantes.*

(*b*) Pour en convaincre le Lecteur, je le prie de lire la 12e lettre de M. l'Abbé Nollet ; elle est sur les électricités en *plus* & en *moins* des partisans de M. Franklin. M. Nollet, leur dit que leurs électricités *positives* & *négatives*, en *plus* & en *moins*, par *condensation* & par *raréfaction* sont des vertus, des êtres métaphysiques, incompatibles avec le méchanisme qui doit regner dans toute bonne

C

Phyſique. Je ne crains point qu'il prenne cette voye pour attaquer mes nouvelles conjectures ſur les cauſes de l'électricité.

(6) Ce n'eſt pas après coup que j'avance tout ceci. Dans la troiſieme édition de mon petit Dictionnaire de Phyſique qui a précédé de quelques mois celle de la troiſieme partie des Lettres de M. l'Abbé Nollet ſur l'Electricité , voici ce qu'on lit *tom*. 1. *pag*. 332 & 333. Suſpendez deux timbres au tube de fer blanc de la machine électrique , l'un par un fil d'archal , & l'autre par un cordon de ſoye. Ecartez-les l'un de l'autre . d'un pouce ou environ , & placez entre deux un battant fort léger qui pende du tube par un fil de ſoye très mince. Faites communiquer avec le pavé , par le moyen d'une chaine de fer , le timbre ſuſpendu au tube par un cordon de ſoye. Toutes les fois que vous ferez joüer la machine , le battant vous donnera une eſpéce de carillon en ſe portant avec beaucoup de viteſſe , tant que durera l'électricité , d'abord vers le timbre ſuſpendu par un cordon de ſoye , enſuite vers celui qui eſt ſuſpendu par un fil d'archal. Mais le battant demeurera preſque immobile , ſi vous ôtez la communication établie entre le timbre ſuſpendu par un cordon de ſoye & le pavé de la chambre. . . . . . .

Mais pourquoi, *dira-t-on*, le carillon ceſſe-t-il, lorſqu'il n'y a plus de communication entre le timbre ſuſpendu par un cordon de ſoye & le pavé de la chambre ; le timbre isolé deviendroit-il assez électrique, pour que le battant se trouvant alors entre deux matieres *effluentes* de force presque égale, fût par là même privé de presque tout mouvement de transport?

C'est là la conséquence directe qu'il faut tirer d'un phénoméne qui me causa la plus grande surprise, la premiere fois que je l'apperçus. Mais après l'avoir examiné avec toute l'attention dont je fus capable, je me convainquis qu'on pouvoit l'apporter en preuve de la bonté de mon hypothése. En effet si un timbre suspendu au tube de fer blanc par un gros cordon de soye, & par là même parfaitement isolé du tube, s'électrise cependant assez pour empêcher le mouvement du battant; pourquoi tout ce qui environne la machine, & qui se trouve électrisable *par communication*, n'acquerra-t-il pas une électricité imparfaite, ou un commencement d'électricité? Et si cela est, comme on ne sçauroit en douter, notre hypothése ne devient-elle pas un systéme fondé sur les loix les plus inviolables de la Méchanique, & sur les expériences les plus palpables & les mieux constatées?

TROISIEME LETTRE.

*Examen de la différence qui se trouve
entre le système exposé dans la Lettre précédente, & les systémes de
MM. Nollet, Dufay, Privat de
Molieres, Jallabert & Franklin.*

EST-IL bien vrai, Monsieur,
qu'il n'y a presque rien dans
mes *conjectures*, que vous n'ayez mis
sous les yeux du Public, il y a plus
de vingt ans? Pour m'en convaincre,
vous me demandez si je n'attribue
pas, comme vous, les effluences au
frottement du verre; si je ne recon-
nois pas, comme vous, que les affluences viennent de l'air environnant, ou des autres corps qui avoisinent le verre frotté; si je ne dis
pas, avec vous, que les affluences ont
pour cause la tendance que tout
fluide a pour se mettre en équilibre

avec lui-même , & pour fe répandre
dans les endroits où il manque ; fi je
ne foutiens pas , comme vous , que
les affluences réparent les pertes que
fait le verre frotté. Vous auriez encore pu me demander , fi vous l'euf-
fiez voulu , fi des dix-huit propofitions qui compofent votre théorie (*a*),
il n'y en a pas au moins douze que
j'adopte purement & fimplement ;
je vous aurois répondu qu'oui , &
néanmoins j'aurois conclu qu'il n'y
a peut-être point de théories en cette
matiere qui fe reffemblent auffi peu
que la vôtre & la mienne , dans ce
que l'on doit appeller *Propofitions fon-
damentales* & *caracteres diftinctifs*.
Entrons fans autre préambule dans
le détail de mes preuves.

Vous en convenez , Monfieur, ce
qui diftingue votre fyftéme d'électricité de tous ceux qui ont paru fur
cette matiere, ce n'eft pas précifément l'*effluence* & l'*affluence*, Defcartes en avoit parlé près d'un fiécle

C 3

auparavant (*b*) ; c'eft la *fimultanéité*
de l'une & de l'autre , c'eft-à-dire,
c'eft d'avoir foupçonné le premier que
la *matiere affluente* entroit par certains pores dans le globe électrifé ,
précifément en même tems que la
matiere effluente en fortoit (*c*). Vous
avez encore été le premier , je pourrois dire le feul , à affurer que les pores par lefquels la matiere électrique
s'élance du corps électrifé , ne font
pas en auffi grand nombre que ceux
par lefquels elle y rentre. Voilà ce
qui vous appartient en propre ; &
voilà en même tems les caracteres
diftinctifs de votre théorie. Tout le
refte , je vous le répéte , doit être
adopté par quiconque voudra parler
fur l'électricité d'une maniere raifonnable , quelque hypothéfe qu'il imagine pour ramener les phénoménes
électriques aux regles inviolables de
la Méchanique.

Pour mon hypothéfe , ce qu'elle a
de particulier , ce qui en fait le carac-

tere, c'est la *simplicité*, la *solidité*, la *généralité* & la *nouveauté*. La simplicité ; elle est fondée sur ce seul Principe de Méchanique : *deux fluides semblables qui se touchent, se mêlent ensemble, & se mettent en équilibre, l'un avec l'autre.* La solidité ; ses agens sont deux courans électriques dont l'existence est constatée par les expériences les plus nombreuses, les plus sûres, les plus frappantes & les plus faciles La généralité ; le nouvel usage que je fais de ces deux courans, me fournit une explication naturelle de tous les phénoménes intéressans de l'Electricité : j'espére vous en convaincre dans les Lettres suivantes. Enfin la nouveauté ; j'ai lu tout ce qui s'est fait de bon sur cette matiere depuis Descartes jusques à aujourd'hui, & je suis bien sûr qu'aucun Physicien électrisant ne m'a appris que le courant électrique qui n'enfile pas le conducteur, *électrisoit à demi* certains corps non isolés qui sont près

C 4

de la Machine, & leur communiquoit
une athmofphére beaucoup moins
denfe que celle des corps *totalement*
électrifés. Je fuis encore plus fûr qu'aucun Phyficien avant moi n'a penfé à
faire combattre les athmofphéres denfes & rares, & à tirer de ce conflict,
véritablement méchanique, l'explication de plufieurs phénoménes qu'il
feroit difficile d'expliquer dans tout
autre fyftéme que le mien : je compte
vous le prouver bientôt de la maniere
la plus convaincante. Si j'en viens à
bout, vous ne direz plus fans doute
qu'il n'y a aucune différence effentielle entre votre théorie & la mienne;
encore moins ajouterez-vous qu'il y
a plus de vingt ans que vous avez mis
fous les yeux du Public tout ce que je
donne ici pour *conjectures nouvelles*.
Vos Ouvrages font lus par trop de
perfonnes, pour qu'il vienne en penfée à un Auteur, qu'il pourra impunément s'approprier quelques-unes des
découvertes qu'ils renferment.

Quelqu'un peut-être m'accusera de plagiat , parce que dans mon hypothéfe je fais ufage des *effluences* & des *affluences*. Je les admets , j'en conviens ; je ne vois pas même comment on peut expliquer les *attractions* & les *répulfions électriques* , fans le fecours de ces deux courans *fenfiblement fimultanés*. Mais je ne crains pas, Monfieur , que vous me faffiez un pareil reproche ; vous fçavez mieux que perfonne que je prens les *effluences* & les *affluences* dans un fens tout différent du vôtre. Dans votre fyftéme la *matiere effluente* ne rend électriques que les corps ifolés ; dans mon hypothéfe elle rend électriques les corps ifolés & les corps non ifolés , ceux-ci *à demi* , & ceux-là *totalement*. Dans votre fyftéme la *matiere effluente* ne devient jamais *matiere affluente* ; dans mon hypothéfe elle le devient quelquefois, au moins en partie , à caufe de l'élafticité de l'air environnant. Dans votre fyftéme enfin la *fimultanéité* des

deux courans, *effluent* & *affluent*, est
réelle & physique ; dans mon hypothése elle n'est qu'*apparente* & *sensible* : il est démontré que le *plein parfait* n'existe pas, même aux environs
de la Terre (*d*) ; & cependant ce *plein*
devroit exister pour que la *simulta-
néité* que vous admettez, pût avoir
lieu.

Vous m'objectez à cette occasion, je le sçais, que dans le vuide
de Boyle un corps électrique attire
& repousse les corps légers (*e*). Mais
prenez garde, Monsieur, que dans
le vuide les corps s'électrisent plus
foiblement que dans le plein (*f*). Ce
n'est pas donc une pareille expérience
qui sera capable de me faire changer
de sentiment. Proposez-la, j'y con-
sens, à ceux qui ne reconnoissent pour
matiere *affluente* que celle qui a été
auparavant *effluente* ; elle les embar-
rassera ; mais vous devez sçavoir que
ce n'est pas là mon système (*g*).

Il me reste encore un point, c'est

de bien vous convaincre que les caracteres diftinctifs de mon hypothéfe
n'ont rien de commun avec ce qu'ont
trouvé les autres Phyficiens de réputation , je veux dire , MM. Dufay,
Privat de Molieres, Jallabert & Franklin. Je vais l'entreprendre en peu
de mots , pour ne pas paffer les bor-
nes d'une lettre ordinaire.

M. Dufay prétend que tout corps
actuellement électrique eft entouré
d'un tourbillon, & qu'il y a dans la
nature deux électricités réellement dif-
tinctes & fpécifiquement différentes
entr'elles , l'une *vitrée* , c'eft celle
du verre , du criftal, des pierres précieufes , &c. ; l'autre *réfineufe* , c'eft
celle de l'ambre , du jayet , de la
gomme copal , &c. (*h*). Je vous le
demande , Monfieur , avez-vous rien
vû de pareil dans mon hypothéfe ?

M. Privat de Molieres ne diftingue
pas la matiere électrique des molécules dont l'huile eft compofée. Il veut
que ces molécules forment chacune

autant de petits tourbillons. Il foutient que ces petits tourbillons fe trouvent en plus grande abondance dans les corps électrifables *par communication*, que dans ceux qui le font *par frottement*. Enfin il attribue les étincelles électriques à la fermentation qui fe fait par le mélange des molécules d'huile avec d'autres molécules groffieres, telles que peuvent être celles de l'infenfible tranfpiration qui fortent du bout du doigt qu'on approche du corps électrique (*i*). Qu'on life & qu'on relife mes conjectures fur les caufes de l'Électricité ; je fuis affuré, Monfieur, qu'on ne trouvera rien dans ce fyftéme qui leur ait donné naiffance.

Pour M. Jallabert, il adopte dans fon hypothéfe la plupart de vos propofitions qui doivent être communes à tout fyftéme raifonnable d'Électricité. Ce qui le diftingue de vous & des autres Phyficiens, c'eft qu'il regarde le fluide électrique comme na-

turellement très denfe dans les corps
rares, & naturellement très rare dans
les corps denfes (*k*). Je ne fçache
pas avoir fondé mon hypothéfe fur un
pareil Principe.

Enfin M. Franklin prétend expliquer tous les phénoménes de l'É-
lectricité, en fuppofant que la matiere électrique eft fpécifiquement diftinguée, non-feulement de toute autre matiere non électrique, mais même du feu élémentaire : que les particules de la matiere électrique ont un
double pouvoir, l'un actif de fe re-
poufer mutuellement, l'autre paffif
d'être fortement attirées par toute
matiere non électrique : qu'enfin les
pointes ont la propriété de *tirer*, auffi
bien que de *poufer* le fluide électrique à de plus grandes diftances, que
ne le peuvent faire les corps émoufes,
c'eft-à-dire, que comme la partie
pointue d'un corps électrifé déchargera l'athmofphére de ce corps, ou
la communiquera plus loin à un au-

tre corps, de même la pointe d'un corps non électrisé tirera l'athmosphére électrique d'un corps électrisé de beaucoup plus loin, qu'une partie plus émoussée du même corps non électrisé ne le pourroit faire (*l*). Voilà le systéme de M. Franklin ; vous me feriez plaisir de m'indiquer en quoi le mien lui ressemble. Il s'agit maintenant d'examiner les explications que je tire de mon hypothése ; elles vont faire la matiere des Lettres suivantes. J'ai l'honneur d'être, &c.

Notes pour la troisieme Lettre.

(*a*) Le systéme de M. l'Abbé Nollet sur les causes physiques des phénoménes électriques est renfermé dans les 18 propositions suivantes.

1. L'électricité est l'effet d'une matiere qui se meut au tour, ou au dedans du corps électrisé.

2. Ce fluide n'est ni la matiere propre du corps électrisé, ni l'air que nous respirons.

3. Il y a tout lieu de croire que la matiere électrique est la même que celle du feu élémentaire & de la lumiere, unie à quelqu'autre substance qui lui donne de l'odeur.

4. Cette matiere eſt préſente partout , dans l'intérieur des corps , comme dans l'air qui les environne.

5. La matiere électrique excitée ou miſe en action , ſe meut , autant qu'elle peut , en ligne droite , & ſon mouvement pour l'ordinaire eſt un mouvement progreſſif qui tranſporte ſes parties.

6. La matiere électrique eſt aſſez ſubtile pour pénétrer au travers des corps les plus durs & les plus compactes.

7. Mais elle ne les pénétre pas tous avec la même facilité. Les corps vivans , les métaux , l'eau ſont ceux dans leſquels elle a le plus de peine à pénétrer , à moins que ces corps ne ſoient frottés ou chauffés.

8. L'air de notre athmoſphére n'eſt pas autant perméable pour la matiere électrique , que les métaux , les corps vivans , l'eau &c.

9. Quand la matiere électrique ſort d'un corps avec beaucoup d'impétuoſité , & qu'elle débouche dans l'air , ſoit qu'elle ſoit viſible , ou non , elle ſe diviſe en pluſieurs jets divergents , qui forment une eſpéce de gerbe ou d'aigrette.

10. Un corps électriſé par frottement ou par communication , lance de toutes parts des rayons de matiere électrique qui s'étendent en lignes droites dans l'air , ou dans les autres corps d'alentour.

11. Tant que durent ces émanations , une pareille matiere vient de toutes parts au corps électriſé , en forme de rayons convergens.

12. Ces deux courans de matiere électri-

que , qui vont à fens contraires, exercent leurs mouvements en même tems , & l'un des deux eft plus fort que l'autre.

13. Les pores par lefquels la matiere élec-trique fort du corps électrifé , ne font pas en auffi grand nombre que ceux par lefquels elle y rentre.

14. La matiere électrique qui vient au corps électrifé, ne lui eft pas fournie par l'air feu-lement, mais par tous les autres corps du voifinage , qui font capables de s'électrifer par communication.

15. La matiere qui fort du conducteur ifolé , par les différentes parties de fa furface qui n'aboutiffent point au globe , vient en bonne partie de ce globe & du corps qui le frotte.

16. La matiere électrique qui vient de tou-tes parts au conducteur ifolé , fe rend en grande partie au globe & au corps qui le frot-te , d'où elle paffe dans l'air environnant, ou dans les autres corps contigus.

17. Les corps électrifés par communication perdent aifément leur vertu par l'attouche-ment d'un autre corps non ifolé.

18. Le verre électrifé par frottement ou par communication ne fe défelectrife pas de même, & peut garder fon électricité bien plus long-temps que les conducteurs ordinaires.

Ce fyftéme eft tiré mot par mot du Tome 6 des Leçons de Phyfique expérimentale dé M. l'Abbé Nollet, *pag.* 407 *& fuivantes.* Il feroit difficile de préfenter les chofes d'une
                                        maniere

maniere plus claire, plus méthodique, plus agréable & plus prenante que l'a fait ce célébre Phyſicien. Du reſte je le crois aſſez équitable & aſſez généreux pour avouer que de ſes 18 propoſitions, il n'en eſt que peu qui forment ce qu'il a droit d'appeller ſpécialement ſon ſyſtéme. Il ignore moins que perſonne que la plupart ſont fondées ſur des vérités qui ont été regardées comme autant de Principes inconteſtables par les Phyſiciens qui ont écrit avant lui ſur cette matiere. Nous réſervons la diſcuſſion de ce fait pour la huitieme lettre.

(*b*) Conſultez la note ſuivante & la huitieme Lettre.

(*c*) Voici comment parle M. l'Abbé Nollet à la fin de ſa 19ᵉ Lettre ſur l'électricité. Je n'ai point imaginé le premier qu'il y avoit une matiere en mouvement autour du corps électriſé; mais je me ſuis apperçu de fort bonne heure qu'il falloit que cette matiere ſe mût en deux ſens oppoſés : bien d'autres que moi l'ont ſenti, & ont ſuppoſé que la matiere électrique, émanée du corps électriſé, revenoit ſur elle-même. On a formé différentes hypothéſes, pour expliquer comment cela ſe pouvoit faire. Mais on peut dire que tous ceux qui ont pris ce parti, ont été prévenus par Deſcartes, & qu'ils n'ont fait que renouveller ſon opinion. L'expérience m'a démontré que des *effluences* & *affluences* alternatives de la même matiere, ne pouvoient pas produire certains phénoménes bien conſtatés, & elle m'a conduit enfin à reconnoî-

D

tre les deux courans *simultanés*. C'eſt cette ſimultanéité des deux courans oppoſés qui eſt, à proprement parler, ma découverte, & ſur cela j'oſe dire qu'on ne me prouvera jamais que j'aye été prévenu par perſonne.

(*d*) Cette démonſtration peut ſe propoſer en ces termes à un homme qui nie toute eſpéce de vuide aux environs de la Terre. Si le Plein parfait exiſte dans l'athmoſphére terreſtre, il eſt de toute évidence qu'un pied cubique d'air contient autant de matiere, qu'un pied cubique de fer, de plomb & même d'or. Tirons un coup de canon ; que doit-il arriver dans le ſyſtéme du Plein ? Le boulet ne pourra pas parcourir dans l'air la longueur de ſon axe, ſans faire changer de place à une quantité de matiere à peu près égale à ſa maſſe ; & comme la viteſſe du corps choquant ſe communique en raiſon directe de la maſſe du corps choqué, & que le corps choquant perd autant de viteſſe, qu'il en communique au corps choqué ; il s'enſuit évidemment que le boulet doit, dans le ſyſtéme du plein parfait, perdre à peu près la moitié de ſa viteſſe, toutes les fois qu'il parcourt dans l'air la longueur de ſon axe. Mais l'expérience journaliere nous apprend le contraire ; donc l'expérience journaliere nous apprend qu'il ne regne pas un plein parfait aux environs de la Terre. Voyez ce point de Phyſique rapproché de ſes Principes dans notre *Traité de paix entre Deſcartes & Nevvton*, Tom. **1.** *pag.* 231, 246 & 272. *Tom.* 2. *pag.* 93 *& ſuivantes. Tom.* 3. *pag.* 53 & *ſuivantes.*

(e) Plufieurs , *dit M. l'Abbé Nollet dans sa* 11ᵉ. *Lettre fur l'Electricité* , ont dit que l'air de l'athmofphére pouffé & comprimé jufqu'à un certain point par les rayons de matiére émanés du globe , ou du tube électrifés , les repouffoit auffi-tôt vers leur furface en vertu de fon reffort ; mais il ne faut qu'un mot pour renverfer cet édifice : un corps électrique attire & repouffe dans le vuide de Boyle , comme en plein air , à quelques ir-régularités près dont il eft aifé de rendre raifon.

(f) C'eft dans fes *recherches* , *pag.* 236 , que M. Nollet nous avertit que l'électricité du verre , du foufre , de la cire d'Efpagne , eft plus foible dans le vuide qu'en plein air. Il prouve la même vérité par des expériences fort curieufes , au Tome 6 de fes Leçons de Phyfique , *pag.* 330. Il me paroit qu'on n'aura point de peine à rendre raifon de tous ces phénoménes , lorfqu'on voudra bien avouer que l'air dont le reffort eft en cer-tain tems prodigieux , renvoye vers le globe une partie plus ou moins confidérable de la matiére que le frottement & le mouvement de rotation en avoient fait fortir. Cela n'em-pêche pas de foutenir que le gros de la *matiere affluente* eft fourni par l'air & les corps en-vironnants.

(g) Relifez le *num.* 6 de la lettre précédente.

(h) Lorfque je laiffe tomber , *dit M. Du-fay* , une petite feuille d'or très-légère fur un tube de verre bien frotté & pofé horizonta-lement , elle fe tient dans une pofition verticale ou à peu près ; mais dans le moment suivant elle s'élance en l'air d'un mouvement très-vif , & elle s'éleve à la hauteur de 8 ou 10 pouces, où elle se tient presque immobile. Si on éléve le tube vers la feuille de métal , on la voit s'élever de la même quantité ; elle descend de même , si on abbaisse le tube ; & cela dure , tant que le tube conserve sa vertu. Il conclut de cette expérience que tout corps électrisé est entouré d'un tourbillon qui s'étend plus ou moins loin. J'avoue que je ne comprens pas la bonté de cette conséquence.

Le même Physicien nous fait remarquer que, si au tube de verre rendu électrique, on présente un corps qui le soit devenu par le contact , ou par l'approche de l'ambre, le corps sera surement attiré par le tube ; & au contraire un corps qui aura contracté l'électricité par le moyen du verre , sera repoussé par ce même tube. Il tire de là l'existence de deux espéces d'électricités , l'une *vitrée* , l'autre *résineuse*. L'on discutera à la fin de cet Ouvrage la fausseté de l'une & l'autre conséquences. Ceux qui voudroient lire ce qu'a fait M. Dufay en matiere d'électricité, consulteront les Mémoires de l'Académie Royale des Sciences , *aux années* 1733 , 1734 & 1737.

( ). Lisez les 24 dernieres pages de la 14ᵉ. leçon de M. Privat de Molieres ; c'est là qu'il développe son systéme sur l'électricité. Il assure en propres termes (*pag.* 431) que l'athmofphére qui fe forme autour des corps qui deviennent électriques par le frottement, étant lumineufe dans l'obfcurité, & prenant feu lorfqu'on en approche le doigt; on ne peut douter que les particules de cette athmofphére, ne foient de véritables molécules d'huile qui étant forties des pores du corps qu'on a frotté, fe font extrêmement étendues dans les pores de l'air, puifque ce n'eft qu'aux molécules de l'huile qu'on doit attribuer la vertu de s'enflammer.

Il ajoute (*pag.* 434) que lorfque ces molécules d'huile qui font tout près de s'enflammer, viennent à fe mêler avec d'autres molécules plus groffieres, telles que peuvent être celles de l'infenfible tranfpiration qui fortent du bout du doigt qu'on approche du corps électrique; il n'eft pas furprenant que ces deux matieres extrêmement fluides, contenues dans les pores de l'air, venant à fe mêler, y fermentent; & qu'en conféquence elles prennent feu vers la fuperficie du corps frotté, où la matiere électrique eft en plus grande abondance; ni que cette flamme fe porte d'abord vers le doigt d'où fort la matiere qui produit cette fermentation; ni que cette flamme fe répande enfuite dans toute l'athmofphére électrique, confume toutes les molécules de l'huile dont elle eft formée, & détruife en un inftant toute cette athmofphére.

(*k*) Confultez l'Ouvrage de M. Jallabert, intitulé : *Expériences fur l'Electricité, avec* quelques conjectures sur la cause de ses effets; vous y trouverez son hypothése très bien expliquée. Vous lirez en particulier (*pag.* 176) ce qui suit.: Je suppose d'abord un fluide très délié, très élastique, remplissant l'univers & les pores des corps même les plus denses, tendant toujours à l'équilibre, ou à remplacer les vuides occasionnés. Je suppose encore que la densité de ce fluide n'est pas la même dans tous les corps ; qu'il est plus rare dans les corps denses, & plus dense dans les corps rares ; ensorte que les interstices que laissent entr'elles les particules de l'air renferment un fluide plus dense, que ne font, par exemple, les pores du bois ou du métal.

(*l*) Pour être parfaitement au fait de l'hypothése générale de M. Franklin sur les causes physiques des phénoménes électriques, il faut lire les 34 premieres pages du premier Tome de l'Ouvrage intitulé : *Expériences & Observations sur l'Electricité, faites à Philadelphie en Amérique, par M. Franklin, & traduites par M. d'Alibard.* La matiere électrique, *dit-il*, *pag.* 5, différe de la matiere commune, en ce que les parties de celle-ci s'attirent mutuellement, & que les parties de la premiere se repoussent mutuellement.

Il ajoute (*page* 6) que quoique les particules de matiere électrique se repoussent l'une l'autre, elles sont fortement attirées par toute autre matiere.

Il veut (*pag.* 7) que la matiere commune

soit une espéce d'éponge pour le fluide électrique.

Il avertit (*pag.* 8) que dans la matiere commune, il y a, généralement parlant, autant de
matiere électrique qu'elle peut en contenir
dans sa substance ; & que si l'on en ajoute davantage, le surplus reste sur la surface, & forme
une athmosphére électrique autour de ce corps.

Il assure (*pag.* 22) que les corps électrisés
déchargent leur athmosphére sur les corps
non électrisés avec plus de facilité & à une
plus grande distance, de leurs angles & de
leurs pointes, que de leurs côtés unis.

Il avance enfin (*pag.* 23.) que les pointes
ont la propriété de *tirer* le fluide électrique
à de plus grandes distances que ne le peuvent faire les corps émoussés ; c'est-à-dire,
que comme la partie pointue d'un corps
électrisé déchargera l'athmosphére de ce
corps, ou la communiquera plus loin à un
autre corps, de même la pointe d'un corps
non électrisé tirera l'athmosphére électrique
d'un corps électrisé de beaucoup plus loin,
qu'une partie plus émoussée du même corps
non électrisé ne le pourroit faire.

Tels sont les Principes sur lesquels est fondée l'hypothése générale de M. Franklin sur
les causes des phénoménes électriques. Nous
aurons occasion de parler dans la suite de l'analogie qu'il a établie entre le tonnerre & l'électricité. Voyez ce que dit de ce Physicien &
de ses partisans M. l'Abbé Nollet dans ses Lettres 2, 3, 4, 5, 6 & 7 sur l'Electricité.

QUATRIEME LETTRE.

Etincelle électrique. Explication de ce phénoméne , d'abord dans l'hypothése exposée dans la seconde Lettre ; ensuite dans le systéme de M. l'Abbé Nollet ; enfin dans les systémes de Messieurs Privat de Molieres, Jallabert & Franklin.

VOus le sçavez, Monsieur, lorsqu'on approche le bout du doigt , ou un morceau de métal, d'un corps quelconque fortement électrisé, on apperçoit une ou plusieurs étincelles très-brillantes qui éclatent avec bruit ; & si ce sont deux corps animés que l'on applique à cette épreuve, l'effet dont il s'agit, est toujours accompagné d'une piquure qui se fait sentir de part & d'autre, & souvent même d'une commotion très-sensible. Voilà ce que le vulgaire regarde comme la plus commune , comme

la

la moins remarquable des expériences de l'électricité ; & voilà celle qu'un Phyſicien attentif doit regarder comme le fait le plus intéreſſant : il renferme en petit , & ſi je puis ainſi parler , en germe les phénoménes électriques les plus frappans & les plus terribles. Auſſi doit-on adopter avec empreſſement & ſans crainte la théorie qui fournira la meilleure explication de l'étincelle électrique. Voici celle qui ſuit naturellement de l'hypothéſe que j'ai expoſée dans ma ſeconde Lettre.

Un homme non-iſolé approche-t-il le bout du doigt d'un corps quelconque fortement électriſé, *par exemple,* du conducteur de la machine? Alors l'athmoſphére denſe de celui-ci , par la loi de l'équilibre entre deux liquides homogénes , ſe porte vers l'athmoſphére rare de celui-là , à peu près comme l'air extérieur ſe porte vers l'air contenu dans une chambre dans laquelle on vient d'allumer du feu.

E

Ces deux athmofphéres, compofées de particules inflammables , fe mêlent avec impétuofité , fe choquent avec force , & par là même s'enflamment néceffairement.

Si c'eft au contraire un homme ifolé fur le gatteau de réfine à la maniere ordinaire , c'eft-à-dire , un homme communiquant par une chaîne de fer avec le tube de la machine , fi c'eft, dis-je, un tel homme qui approche fon doigt du *conducteur* , il n'eft pas à craindre qu'il en excite des bluettes. Eh comment pourroit-il en exciter? Ne font-ils pas entourés l'un & l'autre d'athmofphéres d'une égale denfité? Vous êtes trop au fait des loix de l'équilibre , pour ne pas voir que ces deux athmofphéres fe mêleront paifiblement , & fans qu'il y ait entre leurs molécules aucun choc capable de donner une bluette électrique : eft-ce que l'air extérieur entre dans votre chambre , lorfque fa denfité n'eft pas plus grande que celle de l'air intérieur? (*a*) Ne me dites donc pas qu'il eſt facheux que mes Principes me conduiſent à convenir que l'inflammation n'a plus lieu , quand les deux athmoſphéres ſont fortes , c'eſt-à-dire , ſont préciſément auſſi denſes l'une que l'autre (*b*) ; je renoncerois à mes Principes , s'ils me conduiſoient à un tout autre réſultat.

Pour vous, Monſieur , vous croyez devoir expliquer ainſi l'expérience de *l'étincelle* (*c*). " Quand on préſente
„ un corps non iſolé (ſur-tout ſi c'eſt un
„ animal ou du métal) , à un autre
„ corps fortement électriſé , les rayons
„ effluents de celui-ci , naturellement
„ divergens, & par conſéquent raréfiés,
„ acquierent une plus grande force pour
„ deux raiſons ; 1°. parce qu'ils coulent
„ avec plus de viteſſe; 2°. parce que leur
„ divergence diminue , & qu'ils ſe con-
„ denſent : deux circonſtances qu'il eſt
„ aiſé d'obſerver , ſi l'on préſente le
„ doigt aux aigrettes lumineuſes , &
„ qui s'expliquent aiſément , quand on

E 2

,, fçait d'ailleurs que la matiere électri-
,, que trouve moins de difficulté à pé-
,, nétrer dans les corps les plus denfes,
,, que dans l'air même de l'athmofphé-
,, re. Ce n'eft donc plus feulement une
,, matiere effluente & rare qui heurte
,, une autre matiere venant de l'air avec
,, peu de viteffe ; c'eft un fluide con-
,, denfé & accéléré qui en rencontre
,, un autre (celui qui vient du doigt)
,, prefque auffi animé que lui & par
,, les mêmes raifons ; ainfi le choc doit
,, être plus violent, l'inflammation
,, plus vive , le bruit plus éclatant. ,,

Voilà , Monfieur, de beaux &
grands Principes. Il eft facheux qu'ils
vous conduifent à dire qu'un homme
ifolé fur le gatteau de réfine à la maniere ordinaire, doit tirer une très-forte
étincelle , lorfqu'il approche le bout
du doigt du *conducteur* électrifé. En
effet pourquoi dans votre fyftéme
l'homme, auffi électrifé que le *conducteur* , approcheroit-il impunément le
doigt vers la machine ? N'y a-t-il pas

un choc très-violent entre les rayons qui fortent de fon doigt, & ceux qui viennent du *conducteur* ? Ces rayons ne font-ils pas affez près de leur fource, pour avoir une divergence prefque infenfible ? Il devroit donc dans cette occafion éclater une étincelle terrible, une inflammation beaucoup plus vive que celle qui éclate dans le cas de l'homme non ifolé. Vous fçavez cependant qu'il ne paroit pas alors veftige de bluette. La grande différence qui fe trouve donc entre vos Principes & les miens, c'eft que vos Principes vous conduifent à dire que l'homme ifolé devroit tirer une étincelle du conducteur électrifé, & qu'il fuit des miens que l'homme ifolé n'en devroit tirer aucune; c'eft-à-dire, que l'expérience détruit vos principes, tandis qu'elle confirme la vérité des miens. Vous me feriez plaifir de répondre à cette difficulté. C'eft celle-là même qui me fait regarder votre fyftéme comme infuffifant, & qui

E 3

m'a engagé à former celui que je vous
ai exposé dans ma seconde Lettre.

Comme les étincelles que je tire du
globe de verre , ne sont pas à beaucoup près aussi piquantes que celles
que je tire du conducteur , j'ai conclu que la matiere électrique sortoit
plus pure du globe de verre , que du
tube de fer blanc. Vous n'adoptez pas
cette conséquence ; & pour m'en faire
sentir la faussseté, vous m'assurez que le
verre électrisé *par communication* pince
aussi fort qu'aucun métal (*d*). Je ne le
sçais que trop ; mais pour m'engager
à changer d'opinion , ne devriez-vous
pas me prouver que la matiere qui
vient électriser votre verre par communication, y entre aussi pure que celle
qui sort du globe électrisé *par frottement ?* Il faudroit faire un pas de plus ;
& après avoir rejetté mon explication,
il faudroit en donner une plus conforme que la mienne aux loix de la saine
Physique.

C'est là précisément ce que vous

avez fait, lorfqu'il s'eft agi de deux corps animés qui tirent des bluettes l'un de l'autre, & qui à cette occa-fion fentent des piquures très-fortes. Vous m'avez fait remarquer qu'il ne fuffifoit pas de dire que rien n'agit tant fur les corps animés que le feu enflammé ; & tout de fuite vous avez ajouté que pour expliquer la douleur, ainfi que la commotion qui s'étend plus loin, il faut recourir aux deux filets de matiere enflammée qui, après s'être rencontré en fens contraire & s'être choqué fortement, fouffrent chacun une répercuffion qui rend leur mouvement rétrograde ; & cette réac-tion d'un filet de matiere en s'enflam-mant, doit diftendre avec violence les pores de la peau, ou remonter même affez avant dans le bras, com-me il arrive en effet le plus fouvent (*e*). J'adopte votre explication avec d'autant plus d'empreffement, qu'elle n'a rien de contraire aux Principes que j'ai pofés dans mon hypothéfe.

E 4

Mais je voudrois bien qu'en parlant de la commotion, vous eussiez fait mention de l'air élastique qui reprend son premier état, après avoir été dilaté par l'inflammation. C'est sans doute cet air que vous regardez comme la cause du petit bruit dont la bluette est accompagnée. Je crois, Monsieur, avoir rapporté assez au long vos pensées & les miennes sur la maniere d'exciter l'étincelle électrique, pour qu'il soit facile de décider laquelle des deux explications mérite la préférence. Il ne me reste maintenant que de vous mettre en peu de mots sous les yeux ce qu'ont écrit sur cette matiere quelques autres Physiciens d'un mérite distingué. Par là je vous convaincrai toujours plus que je suis, non pas un plagiaire, mais le véritable inventeur de mon hypothése.

J'ai déja remarqué dans ma troisieme Lettre, que M. Privat de Molieres attribue les étincelles électriques à la fermentation qui se fait par le mê-

lange des molécules d'huile avec d'autres molécules plus groſſieres, telles
que peuvent être celles de l'inſenſible
tranſpiration qui ſortent du bout du
doigt qu'on approche du corps électrique (*f*).

Le fluide électrique, *dit M. Jallabert* (*g*), pénétrant librement les êtres
animés & les métaux, leur approche
de la barre l'en fait ſortir avec autant
d'abondance que d'impétuoſité ; & ſes
particules s'entrechoquant avec force,
s'enflamment tout-à-coup ; ce qui
cauſe une raréfaction ſubite dans l'air,
& le bruit remarquable qui accompagne les étincelles.

Pour M. Franklin, il ſoutient que
tout ce qui a rapport aux étincelles
& aux inflammations électriques, a
pour cauſe phyſique une eſpece de
combat entre le feu commun & le feu
électrique (*h*). Toutes ces conjectures me confirment toujours plus dans
mon premier ſentiment ; je ſouhaite
que vous m'en faſſiez voir le faux. J'ai
l'honneur d'être &c.

Notes pour la quatrieme Lettre.

(*a*) L'on comprend qu'on précinde ici du vent, ou de toute autre caufe femblable qui poufferoit l'air extérieur dans la chambre, malgré fon égale denfité avec l'air intérieur.

(*b*) M. l'Abbé Nollet me parle ainfi dans fa 19e. Lettre, *pag.* 188. Suppofer à l'homme qui n'eft point ifolé une athmofphére électrique (forte ou foible) c'eft fuppofer qu'il eft électrifé, pourquoi donc dites-vous quelques lignes après, *on n'électrifera jamais un corps électrifable par communication, s'il n'eft ifolé*? Il me femble que vous n'êtes point ici d'accord avec vous-même.

Cette difficulté pourroit prefque paffer pour une chicane. Il s'agit dans l'article d'où ceci eft tiré, d'une électricité totale & parfaite. Y a-t-il donc l'ombre de contradiction à dire qu'un corps électrifable par communication ne s'électrifera jamais *totalement*, s'il n'eft ifolé, quoiqu'il puiffe s'électrifer *à demi*, fans être ifolé.

Après cette premiere difficulté, M. l'Abbé Nollet m'en propofe une feconde en ces termes : Mais quand l'athmofphére de l'homme non ifolé exifteroit réellement, comme vous le prétendez, le fimple mêlange ou plutôt l'union de deux portions d'une matiere homogéne ne nous offre point, ce me femble, une caufe fuffifante d'inflammation : plus les fluides font mifcibles par analogie, moins ils montrent d'irritation & de fracas, en s'uniffant. Le choc eft une raifon plus plaufible à alléguer, quand il s'agit de matiere électrique ; mais il eft facheux que vos Principes vous conduifent à dire que *l'inflammation n'a pas lieu, quand les deux athmofphéres font fortes ;* car-alors le choc doit être plus violent, & par conféquent plus propre à produire fon effet.

Cette feconde difficulté demande les remarques fuivantes. 1°. Je n'ai avancé nulle part que le mélange feul des athmofphéres denfes & rares causât l'inflammation ; c'eft le choc joint au mélange des parties inflammables dont ces athmofphéres font compofées, que j'ai apporté pour caufes de cet effet. 2°. M. l'Abbé Nollet me dit que plus les fluides font mifcibles par analogie, moins ils montrent d'irritation & de fracas, en s'uniffant. Je pourrois lui accorder cette propofition, & nier toutes les conféquences qu'il en tire contre mon fyftéme. Je remarquerai cependant que cette propofition générale demande bien des exceptions. L'air extérieur & l'air intérieur font très-mifcibles par analogie ; l'on fçait cependant avec quel fracas & quelle irritation ils s'uniffent, lorfque l'un eft plus denfe que l'autre. 3°. Mes Principes me conduifent à dire ce que m'apprennent les loix de la Méchanique, & ce qui m'eft confirmé par l'expérience journaliere, que quand les deux athmofphéres font fortes, c'eft-à-dire, font d'une égale denfité, leur mélange doit être paifible, le choc de leurs parties infenfible, & l'inflammation nulle.

(*c*) Cette explication eft tirée mot par mot de l'Effai fur l'électricité, *pag.* 182, & du fixiéme tome des leçons de Phyfique, *pag.* 458.

(*d*) Je ne crois pas que vous ayez raifon de conclure que la matiere électrique fort plus pure du verre que d'un tube de fer blanc, parce que celui-ci vous donne des étincelles plus piquantes. Le verre électrifé par communication, fi vous voulez l'éprouver, vous pincera auffi fort qu'aucun métal. *Lettre XIX pag.* 195.

(*e*) Deux corps animés qui tirent des étincelles l'un de l'autre doivent fentir des piquures très-fortes : & pourquoi ? Vous répondez, *me dit M. l'Abbé Nollet dans la même Lettre, pag.* 193 ; parce qu'il n'eft rien qui agiffe tant fur les corps animés, que le feu enflammé ..... C'eft un effet qui ne s'expliquera jamais par le prétendu mêlange de vos deux athmof. phéres, l'une denfe, l'autre foible .... Mais pourquoi chercher dans des hypothéfes la raifon d'un effet dont nous avons la caufe fous les yeux ? Quand l'étincelle électrique eft prête à éclater, ne voyons-nous pas diftinctement deux traits de feu venant du corps électrifé & de celui qui ne l'eft pas, aller à la rencontre l'un de l'autre, & s'animer de plus en plus, à mefure qu'ils s'approchent ? Il eft donc comme évident que l'explofion eft caufée par leur choc, & que la douleur qui fe reffent de part & d'autre, ainfi que la commotion qui s'étend plus loin, vient de la répercuffion, qui doit s'enfuivre, fur deux rayons d'une matiere très-dure, & très-élaftique, telle en un mot que l'on fuppofe celle qui opére les phéno-ménes de l'électricité.

Cette explication de M. l'Abbé Nollet eft très-bien. Elle feroit encore mieux, fi l'on y faifoit mention de l'air que l'inflammation des athmofphéres dilate & qui ne peut pas fe remettre dans fon premier état, fans con-tribuer à la répercuffion dont il eft ici quef-tion. Nous avons parlé de cet air dans l'ex-pofition de notre hypothéfe, *Lettre 2, num.* 5.

(*f*) Lorfque les molécules d'huile qui font prêtes à rompre l'équilibre avec celles du premier élément, & de s'enflammer par confé-quent, viendront à fe mêler avec d'autres mo-lécules plus groffieres, telles que peuvent être celles de l'infenfible tranfpiration qui fortent du bout du doigt qu'on approche du corps électrique ; il n'eft pas furprenant que ces deux matiéres extrêmement fluides, conte-nues dans les pores de l'air, venant à fe mê-ler, y fermentent, & qu'en conféquence elle prennent feu vers la fuperficie du corps frotté, où la matiere électrique eft en plus grande abondance ; ni que cette flamme fe porte d'abord vers le doigt d'où fort la ma-tiere qui produit cette fermentation ; ni que cette flamme fe répande enfuite dans toute l'athmofphére électrique, confume toutes les molécules de l'huile dont elle eft formée & détruife en un inftant cette athmofphére.

Leçons de Physique, Tom. 3. *pag.* 434. Tout ceci a trop l'air de roman, pour être conforme aux loix de la bonne Physique.

(*g*) *Page* 285 de son Ouvrage, intitulé: *Expériences sur l'Electricité, avec quelques conjectures sur la cause de ses effets.* Cette explication dit plutôt le fait, que la cause Physique de l'effet dont il s'agit.

(*h*) Lorsque le feu électrique traverse un corps, il agit sur le feu commun contenu dans ce corps, & met ce feu en mouvement ; & s'il y a une quantité suffisante de chaque espéce de feu, le corps sera enflammé. C'est ainsi que parle M. Franklin dans son Ouvrage sur l'Electricité, *Tom.* 1. *pag.* 36. Pour admettre une pareille explication, il faudroit regarder comme vrais les Principes sur lesquels est fondée l'hypothése de ce Physicien, & sur-tout celui qui suppose que le feu électrique est distingué spécifiquement du feu ordinaire, & par conséquent du feu élémentaire. Nous avons rapporté ces Principes à la fin de la Lettre précédente.

CINQUIEME LETTRE.

Explication de l'expérience de Leyde. Réponfes à quelques objections de M. l'Abbé Nollet contre cette explication.

L E Phénoméne électrique le plus frappant , celui contre lequel il faut être le plus fur fes gardes , c'eft fans contredit, Monfieur , celui de la commotion , (*a*) ou de l'expérience de Leyde (*b*). Il paroit par votre Lettre que vous n'êtes pas mécontent de ce qui fait le *Principal* & le *fond* de l'explication que j'en ai donnée. Mais j'ai fait à cette occafion bien des conjectures dont quelques-unes vous déplaifent. Il en eft certaines fur lefquelles je pafferai volontiers condamnation ; elles font , pour ainfi dire , étrangeres à ma théorie ; qu'elles foient vraies ou fauffes , l'effentiel de mon hypothéfe n'en fera pas moins inconteſtable. J'en vois d'autres que vous rejettez, ce ſemble, un peu vite, & en faveur deſquelles je vais vous apporter des preuves que je regarde comme déciſives. Entrons dans un examen qui ſera d'autant plus intéreſſant, que je ferai paroître plus d'impartialité dans ma propre cauſe.

A l'article *Electricité* de mon grand Dictionnaire de Phyſique, lorſque j'eus à expliquer la fameuſe expérience de Leyde, après avoir ſuppoſé qu'en électriſant le fil de métal de la bouteille, je le chargeois de matiere ignée, à peu près comme l'on charge de poudre un piſtolet que l'on veut tirer ; je pourſuis ainſi : en approchant le doigt du fil de métal électriſé, je mets le feu à la matiere dont il eſt comme imprégné, & je décharge mon fil, à peu près comme l'on décharge un piſtolet, en mettant le feu à la poudre contenue dans le baſſinet. Un courant de matiere

ignée

ignée fort alors avec impétuofité de l'extrêmité fupérieure du fil, & entre dans mon corps par la main qui a tiré la bluette : un fecond courant de matiere ignée fort avec prefque autant de force de l'extrêmité inférieure du même fil, traverfe le verre, & entre dans mon corps par la main qui tient la bouteille. Ces deux courans fe choquent violemment ; & ce choc me caufe cette commotion terrible que je reffens jufques dans mes entrailles. Me demande-t-on pourquoi je ne reffens aucun coup, lorfque je fais cette expérience avec une bouteille de métal? Je répons fans héfiter que la bouteille de métal étant un corps électrifable *par communication*, reçoit & laiffe paffer une grande partie de l'électricité communiquée au fil de fer & à l'eau. Le fil de fer n'eft donc plus dans cette occafion chargé de matiere électrique, & il eft de toute impoffibilité que j'éprouve la moindre commotion, en en approchant le doigt.

F

Quoique vous ayez cru devoir vous élever avec force contre cette explication (*c*), vous convenez cependant avec moi, Monſieur, de l'exiſtence de deux courans électriques, de leur ſortie par les deux extrêmités du fil de métal, & de leur action violente ſur différentes parties du corps. Hé comment pourrions-nous n'être pas d'accord ſur tous ces points eſſentiels? N'avons-nous pas éprouvé cent fois dans l'expérience du tableau magique (*d*), qu'on ne reſſent aucune eſpéce de commotion, lorſqu'on ſçait faire combattre, hors de ſon corps, les deux courans l'un contre l'autre? Il faut pour cela que la même main qui tient la chaîne inférieure, en approche l'extrêmité tout-à-fait près du conducteur ou du tableau. Une flamme à peu près ſemblable à celle d'une groſſe chandelle, & un bruit auſſi fort que celui d'un petard, ſont alors les ſeuls effets de cette belle expérience.

En quoi donc diffère ici votre maniere de penfer de la mienne ? en quelques circonftances feulement qui font fouvent affez légères. Et d'abord je prétens avec M. Jallabert (*e*) que le choc des deux courans fe fait dans le corps même de la perfonne qui reçoit la commotion ; & vous , (*f*) vous foutenez qu'il fe fait un double choc hors de fon corps , l'un entre le conducteur & le doigt qui tire l'étincelle , l'autre entre la bouteille & la main qui la foutient , ou qui touche le fupport de métal fur lequel elle eft pofée. Votre Lettre m'a donné occafion de faire de nouvelles réflexions fur cette matiere ; & je vois maintenant que pour expliquer la commotion , il n'eft pas abfolument néceffaire de faire entrer les deux courans dans le corps de celui qui tire l'étincelle , quoiqu'il foit très-néceffaire que ce foit dans fon corps que fe faffe le choc. En effet le fluide électrique , très-fubtil & très-élaftique de fa nature , non-feulement réfide par-tout , au dedans comme au

E 2

dehors des corps , mais encore il jouit
en nous d'une continuité , sinon parfaite , du moins sensible. Que doit-il
donc arriver , lorsqu'on décharge la
fameuse bouteille ? Le fluide électrique qui est en nous , est alors mis en
mouvement, d'un côté par le courant
que donne l'extrêmité supérieure , de
l'autre par celui que donne l'extrêmité inférieure du fil de métal. Ces
deux courans opposés occasionnent
dans le corps de celui qui tente l'expérience de Leyde , un , ou même
plusieurs chocs des plus violents ; &
tous ces chocs produisent plusieurs
commotions auxquelles les personnes
d'une poitrine foible ne doivent jamais s'exposer. Voilà de quélle maniere j'expliquerai dorénavant les effets du coup fulminant. Vous com-
prenez , Monsieur , que ce petit changement ne cause aucun dérangement
dans mon hypothése.

Nous différons encore vous & moi
sur un point un peu plus important,

c'eft la maniere dont la matiere électrique fe trouve dans le fil de métal
& dans la bouteille de Leyde. Vous
voulez qu'elle y foit auffi libre que
dans les conducteurs ordinaires : &
moi, j'avance qu'elle y eft dans un
véritable état de compreffion. Je ne
vous apporterai pas en preuve de mon
affertion, l'autorité de MM. Franklin
(*g*) & Jallabert (*h*) ; je fçais qu'en
Phyfique les autorités les plus refpec-
tables ne font pas d'un grand poids.
Mais je commencerai par vous oppo-
fer vous-même à vous-même ; & d'a-
bord je vous demanderai pourquoi
vous rejettez dans votre 19e Lettre
une explication que vous femblez avoir
adoptée dans vos autres Ouvrages fur
l'Électricité. En effet ne nous dites-
vous pas (*Effai, feconde édition,
pag.* 205) *que l'Electricité communiquée à un vafe de verre plein d'eau,
différe confidérablement de celle que
les autres corps acquierent par la même
voye ; que cette vertu y eft, pour ainfi*

dire, *concentrée* ; *qu'elle y tient bien autrement que dans une égale maſſe de toute autre matiere* ; & *que ſes effets annoncent une force*, *une énergie qui n'eſt pas commune ?* Je ne ſçais ſi je me trompe, mais il paroit, Monſieur, que les termes *concentrée* & *comprimée*, ne portent pas à l'eſprit une idée bien différente. Vous parlez encore plus clairement dans le 6ᵉ Tome de vos Leçons de Phyſique (*pag.* 475) ; lorſqu'après avoir métamorphoſé votre conducteur en une eſpéce de bouteille de Leyde (*i*), vous cherchez pourquoi les étincelles qu'on en tire alors, ſont ſi fortes & ſi ſenſibles ; vous répondez que la matiere électrique pouſſée par le globe, ayant peine à percer à travers l'épaiſſeur du verre, revient dans le conducteur, & ſe précipite avec impétuoſité vers le doigt qu'on y préſente. Votre réponſe eſt excellente ; mais je vous le demande: un conducteur ainſi chargé par ſes deux extrêmités, n'eſt-

ce pas un conducteur dans lequel la
matiere électrique eſt fortement comprimée ; & cet état de compreſſion
n'eſt-il pas démontré par l'impétuoſité avec laquelle elle ſe précipite vers
le doigt qui tire la bluette ?

Vous m'objectez que ſi le feu électrique étoit fortement comprimé dans
le fil de métal de la bouteille, on ne
le verroit pas de lui-même s'écouler
ſous la forme d'aigrettes, & qu'il at-
tendroit pour en ſortir, qu'un corps
non iſolé vînt toucher le métal qui le
contient. Peut-être me trompé-je,
Monſieur, mais il me paroit que je
puis apporter en preuve de la bonté
de mon explication, l'objection même que vous me faites. Oui, cet
écoulement ſpontané qui forme un
véritable jet électrique, eſt pour moi
la marque la plus ſûre de l'état de
compreſſion où ſe trouve le fluide
ignée dans le fil de métal, & dans
toute la bouteille de Leyde, lorſqu'elle vient d'être électriſée. C'eſt

cet écoulement là même qui met au large le fluide auparavant comprimé; aussi la commotion est-elle d'autant plus foible, qu'il y a plus de temps que la bouteille a été chargée, c'est-à-dire, qu'il y a plus de temps que l'écoulement a commencé. Ma comparaison du pistolet chargé de poudre, qu'on fait partir en mettant le feu à l'amorce, ne présente donc pas, comme vous le dites, une idée fausse, puisqu'elle n'indique que l'état où se trouve le fluide électrique, lorsqu'on reçoit la commotion.

Vous me marquez bien positivement (*k*) que vous ne goûtez pas les raisons que je donne, lorsqu'il s'agit d'expliquer pourquoi l'expérience de Leyde ne réussit pas, quand on substitue un vase de métal à la bouteille, ou au carreau de verre. Si ces raisons consistent à dire que *la matiere électrique demeure concentrée dans l'extrêmité du conducteur, ne pouvant pénétrer dans les pores du verre, pour*

passer

paſſer outre, vous faites bien de ne pas les approuver. Mais je n'ai avancé nulle part pareilles fauſſetés (*l*). Je ſçais que la matiere électrique n'eſt pas plus comprimée dans le fil de métal que dans le reſte de la bouteille ; & je ſçais encore mieux que cette matiere comprimée trouve moyen de pénétrer les pores du verre électriſé *par communication*, puiſque j'ai dit en propres termes qu'*un ſecond courant de matiere ignée ſortoit avec force de l'extrêmité inférieure du fil de métal, traverſoit le verre, & entroit dans mon corps par la main qui tenoit la bouteille.*

Ce que j'ai avancé dans l'article *Electricité* de mon grand Dictionnaire, & ce que j'avance encore ici très-volontiers, c'eſt que l'expérience de Leyde ne réuſſit pas avec une bouteille de métal, parce que cette bouteille, poſée même ſur un ſupport de réſine, étant un corps électriſable *par communication*, laiſſe évaporer une

G

très-grande partie de l'électricité communiquée au fil de fer & à l'eau. Le verre au contraire étant par les voyes ordinaires très-peu , ou pour parler plus exactement , très-difficilement électrifable *par communication* , retient cette même électricité dans un état de compreſſion , & comme dans une eſpéce de captivité (*m*). Après cet aveu réitéré , m'accuferez - vous encore , Monſieur , de ne pas faire mention de la nature du verre dans l'explication du coup fulminant (*n*) ? je penſe , ainſi que vous , que la liberté que l'on a de toucher le verre, ſans le défélectrifer , eſt une condition ſans laquelle l'expérience de Leyde ne ſçauroit réuſſir. Je crois encore, comme vous , qu'il n'eſt point de différence eſſentielle entre la matiere ignée & le feu électrique ; vous en avez donné dans vos Ouvrages d'aſſez bonnes preuves , pour qu'il ne ſoit pas beſoin de recourir , ni à l'expérience qui apprend que la bouteille de

Leyde a plus d'effet avec de l'eau chaude, qu'elle n'en a communément avec de l'eau froide, ni à celle qui dit que, toutes chofes égales d'ailleurs, l'électricité réuffit mieux par un tems froid, que par un tems chaud (*o*). Cette feconde expérience fur-tout paroit tout-à-fait étrangere à la queftion. Je vous ai déja fait remarquer dans ma feconde Lettre, qu'elle pouvoit tout au plus nous faire foupçonner que la matiere électrique *effluente* devenoit *affluente* totalement, ou en partie, lorfque l'air étoit plus denfe & plus élaftique. J'ai l'honneur d'être, &c.

Notes pour la cinquieme Lettre.

(*a*) Quiconque reçoit la commotion électrique, fent une violente fecouffe non-feulement dans les deux bras, mais encore dans la poitrine, dans les entrailles & dans tout le corps. C'eft là ce que nous appellons le *coup fulminant.* Ce coup donne la mort à certains animaux, comme oifeaux, poulets, pigeons &c. Il donneroit infailliblement la mort aux hommes, s'ils le recevoient avec auſſi peu de précaution que les animaux. L'exemple de M. Richman, Profeſſeur de Phyſique à Pétersbourg, doit faire trembler l'homme le plus intrépide. Il fut tué ſur le coup, non par le tonnerre, mais par la commotion terrible qu'il reſſentit, en tirant la bluette d'une barre de fer fortement électriſée. Cet accident arriva le 6 Août 1753. J'en ſuis d'autant moins ſurpris, que j'ai vu tomber entre mes bras, preſque ſans connoiſſance, un jeune homme, âgé de 19 ans, qui voulut tirer le coup fulminant dans le tems où la machine va le mieux, c'eſt-à-dire, lorſque pendant l'hyver la biſe ſouffle. On ne fit revenir ce jeune imprudent, qu'en lui frottant les narines & les tempes avec de l'eau de la Reine d'Hongrie. Je fus témoin de tout ceci à Avignon au commencement de Janvier de l'année 1761. L'on trouvera dans la note ſuivante la meilleure maniere de donner le coup fulminant.

(*b*) 1°. C'eſt M. l'Abbé Nollet qui a donné au phénoméne de la commotion le nom d'*Expérience de Leyde*. Il nous apprend (*Tom. 6 de ſes Leçons de Phyſique expérimentale, pag.* 480.) qu'elle n'a été connue en France, qu'au commencement de l'année 1746, par deux Lettres dattées de Leyde, l'une de M. Muſchembroek, & l'autre de M. Allaman. M. Jallabert (*pag.* 120) détaille ainſi la maniere dont M. Muſchembroek éprouva le premier la commotion. De l'extrêmité du *conducteur* la plus éloignée du globe , pendoit un fil de laiton. Ce fil plongeoit dans l'eau dont un vase de verre étoit à moitié rempli. Le culot de ce vase posoit sur la paume de l'une de ses mains. De l'autre il tira une étincelle du *conducteur* ; & à l'inftant il ressentit dans les deux bras, dans la poitrine , & en général dans tout son corps une secousse , telle qu'il crut être dans un grand péril.

2°. Maintenant , pour donner la commotion , on prend un vase ou une bouteille de verre. On en remplit d'eau les trois quarts de sa capacité. On y plonge un fil de fer ou de laiton, dont l'extrêmité inférieure touche le fond du vase , & l'extrêmité supérieure s'éléve de quelques pouces au-dessus du même vase. On place le tout sur un support de métal , par exemple , sur une affiéte d'é-tain ou d'argent. On électrise le fil de fer en le faisant communiquer avec le *conducteur*, & alors la bouteille se trouve prête pour l'expérience de la commotion. On la recevra infailliblement , si l'on met une main sur le support , & que de l'autre on excite la bluette de l'extrêmité supérieure du fil de fer.

3°. Si l'on forme une chaîne de 50 à 60 personnes qui se tiennent toutes par la main , & que le dernier de la bande tire l'étincelle du fil de fer , tandis que le premier applique son doigt sur le support de métal ; tous ceux qui participeront à cette expérience ressentiront en même tems la commotion. J'ai formé des chaînes de plus de 200 per-

G 3

fonnes, & celles qui fe trouvoient au milieu, recevoient un coup auffi violent que
celle qui tiroit l'étincelle. On auroit le même
fuccès, quand même la chaîne feroit compofée de plus de deux mille perfonnes.

4°. M. Jallabert a éprouvé que la commotion eft beaucoup plus forte, lorfqu'on met
de l'eau chaude dans la bouteille de Leyde ;
& qu'elle eft des plus terribles, lorfqu'on y
met de l'eau bouillante. Il n'a expofé qu'un
feul paralytique à cette dangereufe épreuve,
& dès-lors il prit la réfolution de n'y expofer
jamais perfonne dans la fuite. M. l'Abbé
Nollet trouve un autre inconvénient à fe fervir pour cette expérience d'eau chaude ou
bouillante. Cette eau, dit-il, s'exhalant en
vapeurs, mouille la partie du vaiffeau qui
doit néceffairement refter vuide & féche.

5°. Le verre mince eft fans contredit la
meilleure matiere dont on puiffe faire la
bouteille de Leyde ; ce n'eft pas cependant
la feule. On pourroit y fubftituer avec un
certain fuccès la porcelaine, l'émail, le
grais, le criftal de roche, le talc, &c.
Pour ce qui regarde une bouteille de métal,
elle ne feroit bonne qu'à faire manquer
l'expérience.

6°. M. Franklin couvre d'une feuille de
métal le dedans & le dehors du vafe dont
il fe fert pour donner la commotion. Il met
dans la bouteille, non pas de l'eau, mais du
menu plomb. M. Nollet qui a fubftitué à
l'eau, du mercure, de menu plomb, des

broquettes, de la limaille de fer, de cuivre, &c. donne fans héfiter la préférence à l'eau.

7°. La figure du vafe eft une chofe fort indifférente ; on fe peut fervir d'une jatte, au lieu d'une bouteille. Une grande bouteille vaut cependant mieux qu'une petite. M. l'Abbé Nollet a donné la commotion avec un vaiffeau de verre qui ne contenoit ni eau, ni métal, mais qui étoit bien purgé d'air (*Tom. 6 des Leçons de Phyfique, page* 485). Il nous raconte au même endroit qu'une perfonne reffentit une commotion femblable à celle qui caractérife l'expérience de Leyde, en frottant d'une main le dos d'un chat, tandis que l'autre main étoit à une très-petite diftance du nez de l'animal. Il ajoute que cet effet eft rare, parce qu'il faut un tems très-favorable à l'électricité, & un chat très-électrifable. Il avertit enfin que fi l'on en fait l'effai, on doit tenir le chat fur quelque étoffe de foye, & le frotter un certain tems, avant que de porter le doigt à fon nez.

8°. Le même Phyficien affure que la commotion eft plus forte, quand la bouteille repofe fur un fupport électrifable par communication, que lorfqu'on la laiffe ifolée. M. Franklin nie formellement le fait. Il nous affure (*Tom.* 1. *pag.* 58.) qu'il prit 2 bouteilles de verre parfaitement égales ; qu'il les électrifa également & en même tems au même conducteur ; qu'il les pofa enfuite en même tems fur la même table, l'une fur un

G 4

plateau de verre, l'autre fur un plateau de bois à peu près égal; & qu'il trouva que la commotion donnée par la bouteille pofée fur le fupport électrique, étoit la plus forte. Il ajoute même qu'il répéta plufieurs fois cette expérience, & qu'il eut toujours le même réfultat.

9°. En parlant du carreau de verre fubftitué à la bouteille de Leyde, nous apprendrons comment on donne la mort aux animaux, par le moyen de la commotion électrique.

(*c*) M. l'Abbé Nollet dans fa Lettre XIX me propofe les difficultés fuivantes. Vous faites entrer à la vérité, *me dit-il*, le choc des deux courans dans l'explication de l'expérience de Leyde ; mais vous fuppofez qu'il fe fait dans le corps de la perfonne qui excite l'étincelle ; & cela ne me paroît pas vraifemblable : il eft comme évident que ces deux traits fe choquent aux endroits où on les voit s'enflammer ; c'eft-à-dire, d'une part, entre le doigt qui tire l'étincelle & le conducteur, & de l'autre part, entre la bouteille & la main qui la foutient. Sur ce pied là le torrent de matiere ignée qui fort du fil plongé, n'entre point, comme vous le dites, dans le doigt qui fe préfente à lui ; il heurte rudement contre un pareil courant qu'on en voit fortir, & c'eft de la répercuffion que naît la commotion qu'on reffent.

Votre comparaifon du piftolet chargé de poudre, *continue M. l'Abbé Nollet*, qu'on fait partir en mettant le feu à l'amorce, pré-

fente, felon moi, une idée fauffe ; elle donne
à entendre , & vous le dites nettement quelques lignes après , que le fil de fer plongé fe
charge de feu électrique , & que ce feu y eft
fortement comprimé. Si cela étoit , il atten-
droit, pour en fortir, qu'un corps non ifolé
vint toucher le métal qui le contient ; cependant vous fçavez qu'il s'écoule de lui-même fous la forme d'aigrettes ; & que cet
écoulement fpontané eft la marque la plus
fûre à laquelle on reconnoit que la bouteille
de Leyde eft préparée , ou fuffifamment
chargée , pour me fervir de l'expreffion des
Frankliniftes.......

Si la bouteille avec de l'eau chaude a plus
d'effet qu'elle n'en a communément avec de
l'eau froide, je ne vois pas que cela fourniffe
une preuve évidente de l'analogie (mieux
prouvée d'ailleurs) de la matiere ignée avec
le feu électrique , fur-tout après que vous
avez fait remarquer vous-même que l'électricité réuffit mieux par un tems froid, que
par un tems chaud. Mais ce qu'on peut dire
pour rendre raifon du fait, c'eft que la bouteille , quand elle eft chaude , ne fe charge
pas extérieurement , comme étant froide ,
des vapeurs aqueufes qui font prefque toutes
répandues dans l'air, & qui s'attachant à fa
furface , nuifent beaucoup à fon électrifation. Au refte, s'il eft dangereux de répéter
l'expérience avec de l'eau chaude , je ne
comprens pas pourquoi vous dites qu'on la
peut faire en employant le carreau de verre

doré d'une maniere prefque auffi efficace , & cependant avec moins de rifque. Le mot *prefque* eft ici de trop ; tous ceux qui ont vu, ou répété ces fortes d'expériences , fçavent que le carreau de verre enduit de métal eft capable de produire des effets , pour le moins auffi grands que ceux qu'on peut attendre d'une bouteille, même avec la circonftance de l'eau chaude. *Lettre* 19ᵉ *fur l'Electricité, pag.* 199. Il n'eft aucune de ces objections que nous laiffions fans réponfe.

(*d*) Le carreau de verre couvert de métal eft un tableau magique auffi efficace & beaucoup moins couteux que celui dont M. Franklin nous fait la defcription, *Tom.* I. *pag.* 167 *& fuivantes.* Voici comment on le prépare. On prend un carreau de verre blanc, de 18 pouces de long fur 12 de large. On colle en deffus & en deffous de ce verre deux plaques de métal, de 15 pouces de longueur, & de 10 de largeur. On pofe ce carreau ainfi couvert fur un corps électrifable par communication , & on place le tout fous le conducteur. On fait communiquer par une petite chaîne la partie fupérieure du carreau avec le conducteur, & l'on met une feconde chaîne fous le carreau. Si quelqu'un tient d'une main cette feconde chaîne, & qu'il tire de l'autre une bluette de la feuille de métal ; il fentira une commotion plus forte encore, que celle qu'on tire par le moyen de la bouteille de Leyde préparée avec l'eau froide , & même avec l'eau chaude. Je ne fçache pas avoir dit le contraire nulle part. Ce que j'ai dit, & ce que je répéte ici, c'eſt que la commotion donnée par le moyen de la bouteille de Leyde préparée avec l'eau *bouillante*, eſt encore plus forte que celle du tableau magique. M. Jallabert en a fait l'épreuve. Il ſubſtitua à l'eau froide de l'eau chaude, & à l'eau chaude de l'eau bouillante. Alors, *dit-il*, des éclats de lumiere très-vifs parurent d'eux-mêmes, avant qu'on approchât la main du vaſe : ils devinrent encore plus vifs & plus nombreux, quand on y appliqua la main : & au moment que la perſonne qui le touchoit d'une main, tira de l'autre une étincelle de la barre, le feu dont le vaſe ſe remplit parut tout-à-coup d'une vivacité inexprimable. La ſecouſſe fut prodigieuſe, & au même inſtant un morceau orbiculaire du vaſe de 2 lignes ½ de diamétre fut lancé contre le mur qui en étoit à 5 pieds de diſtance. Le morceau en fut emporté ſans felure au vaſe. *Jallabert, pag.* 127. Je ne crois pas que le tableau magique ait encore préſenté un pareil phénoméne. Ceci ſervira de réponſe à la remarque que fait M. l'Abbé Nollet à la fin de la Note précédente.

Si l'on met ſur le carreau de verre un oiſeau, de la tête duquel on ait ôté les plumes, & que la même main qui tient la chaîne inférieure, tire une bluette de la tête de l'animal, l'oiſeau ſeul éprouvera la commotion & expirera ſur le coup.

Si, au lieu d'un oiſeau, l'on met un carton fur la feuille de métal, & que la même main qui tient la chaîne inférieure, tâche d'en tirer une étincelle, elle le percera en excitant une flamme & un bruit très-confidérables. M. Franklin (*Tom.* I. *pag.* 162) a percé plufieurs fois jufqu'à 160 feuilles de papier commun avec une glace de 1200 pouces quarrés, étamée fur fes deux faces. L'on n'a jamais en pareil cas aucune efpéce de commotion.

Les animaux qui périffent fur le tableau magique, fe trouvent après la mort dans l'état de ceux qui font foudroyés par le tonnerre. Auffi établirons-nous dans notre neuvieme Lettre une véritable analogie entre la matieré du tonnerre & celle de l'électricité. Après les célébres expériences de M. Franklin qui démontrent l'identité de ces deux matieres de la maniere la plus inconteftable, on ne doute plus que nos meilleures machines électriques ne foient les images de ces nuages effrayants qui portent dans leur fein le plus terrible des météores.

(*e*). Au moment de l'expérience de Leyde, *d't M. Jallabert*, *pag.* 303, deux courans d'un fluide très-élaftique, mus avec violence, entrent & fe précipitent dans le corps par deux routes oppofées; fe rencontrent, fe heurtent; & leur mutuelle répulfion caufe une condenfation forcée de ce fluide en diverfes parties du corps.

(*f*) Tout nous indique, *dit M. l'Abbé Nollet*, & nous porte à croire que la matiere électrique est un fluide très-subtil qui réside par tout, en dedans comme au déhors des corps. Il est par conséquent au dedans de nous-mêmes ; & si nous en jugeons par la facilité avec laquelle il y entre & il en sort, par l'extrême finesse de ses parties, & par la porosité de notre matiere propre, nous n'aurons pas de peine à comprendre qu'il jouisse en nous d'une parfaite continuité, & que ses mouvemens soient au moins semblables à ceux des autres fluides que nous connoissons. Or en suivant ces idées ..... ne puis-je pas dire que dans les cas ordinaires, lorsqu'un homme non électrique fait étinceller un corps électrisé, la répercussion des courans électriques ne se fait sentir qu'à la peau du doigt, ou tout au plus dans le bras, parce que la matiere choquée qui n'est appuyée ou retenue par aucune action contraire, a toute la liberté de reculer & obéir au coup qu'elle reçoit ; au lieu que dans le fait en question l'effort électrique éclate en même tems par deux endroits opposés sur un filet de matiere qui s'étend d'une main à l'autre en traversant le corps, & qui, à la maniere des fluides, communique le mouvement dont il est animé, à toutes les parties de son espéce, qui se trouvent dans le même sujet...... La commotion plus ou moins grande, plus ou moins compléte que nous éprouvons dans l'expérience que j'essaye d'expliquer, peut donc s'attribuer avec beaucoup de vraisemblance à la double répercussion que reçoit en même tems le fluide électrique qui réfide en nous, comme par tout ailleurs. *Effai fur l'Electricité, feconde Edition, pag.* 194 *& fuivantes.* Le même Phyficien affigne bien nettement les endroits où fe font le choc & la répercuffion dans fa Lettre 19ᵉ. Relifez la note *c* de cette Lettre.

(*g*) M. Franklin affure (*Tom.* 1. *pag.* 47) que le fil d'archal & le dedans de la bouteille de Leyde font électrifés *pofitivement* ou *plus*. Cette expreffion ne fignifieroit rien, fi elle ne marquoit pas que le fluide électrique eft comprimé dans le fil d'archal & dans la bouteille.

(*h*) La violence des fecouffes doit auffi, en partie, être attribuée à la réaction du fluide élaftique amaffé & condenfé dans l'eau du vafe. Ce fluide, pouffé fans ceffe en avant par celui qui, du globe, paffe dans la barre, fait des efforts continuels pour s'étendre au travers du verre ; il doit donc réagir puiffamment fur le fluide qui eft repouffé vers le vafe, & lui imprimer en fe rétabliffant, un mouvement violent qui fe communique à toutes les parties du corps analogues à ce fluide. Ce qui favorife cette explication, c'eft que, lorfque le fluide électrique pénétre le corps, fans y rencontrer d'obftacle qui le force à rebrouffer, l'on n'éprouve aucune commotion. *Jallabert, pag.* 304.

(*i*) On métamorphofe un conducteur en une efpéce de bouteille de Leyde, en garniffant de verre celle de fes extrémités qui eft oppofée au globe. Les étincelles qu'on tire de ce conducteur ainfi préparé , font plus fortes & plus fenfibles que celles qu'on tireroit du même corps fans cette circonftance. *Nollet , Tom. 6 des Leçons de Phyfique , pag. 475.*

(*k*) J'avoue que l'expérience de Leyde ne réuffit pas , quand on fubftitue un vafe de métal à la bouteille ou au carreau de verre ; mais je ne peux goûter les raifons que vous donnez , en difant que la matiere électrique demeure concentrée dans l'extrêmité du conducteur , *ne pouvant pénétrer dans les pores du verre pour paffer outre* , comme elle peut faire au travers du métal. Celui-ci fans doute eft plus perméable pour elle ; mais elle traverfe auffi , quoique plus difficilement , toute l'épaiffeur du verre , & fe fait bien fentir au delà. J'en ai donné bien des preuves qu'il faut que vous détruifiez , fi vous voulez que je foufcrive à votre fuppofition. *Nollet , Lettre XIX, pag.* 202. La note fuivante prouvera que je n'ai jamais penfé de la forte.

(*l*) L'expérience de Leyde ne réuffit , que parce que la matiere électrique que l'on a communiquée au fil de fer & à l'eau contenue dans le vafe , ne fe diffipe pas à travers les pores du verre , ou ne va pas fe perdre dans ces mêmes pores. Il faut donc fe fervir d'un vafe , ou de verre , ou de porcelaine ; parce que ces deux corps étant électrifables par frottement , le font très-peu par communication ; les vafes de métal au contraire étant très-électrifables par communication , recevroient & laifferoient paffer une grande partie de l'électricité communiquée au fil

de fer & à l'eau ; le fil de fer ne seroit
donc plus chargé de matiere électrique,
& par conséquent je ne devrois pas ressentir
la commotion. *Grand Dictionnaire de Physique*,
Tom. 2. pag. 38. Je ne vois pas comment on
peut conclure de cette explication, que j'aye
jamais regardé le verre comme imperméable
à la matiere électrique.

(*m*) M. l'Abbé Nollet me parle ainsi dans
sa 19ᵉ Lettre, *pag. 202* : *vous ajoutez que le verre*
ne s'électrise que très-peu, par communication ;
& c'est encore un fait dont je ne puis convenir ;
je fais plus, je soutiens que l'expérience dont il
est question, ne réussit qu'autant que le verre est
fortement électrisé par communication.

Je prie M. l'Abbé Nollet de se rappeller
qu'en disant que le verre s'électrise très-peu
par communication, je me suis servi de ses
propres paroles. Voici comment il parle dans
son *Essai sur l'Electricité, pag. 53 de la seconde*
édition. Les corps qui s'électrisent le mieux
par frottement, le verre, le soufre, les gom-
mes, les résines, &c. ne reçoivent que peu,
ou point d'électricité par communication.

(*n*) Cette accusation se trouve dans la Lettre à laquelle je répons. On y lit en termes
exprès, *page* 200 : C'est à la nature du verre
(dont vous ne faites ici nulle mention) qu'il
faut attribuer l'énergie extraordinaire que
prend la matiere électrique dans cette expérience, la rude commotion qu'elle fait ressentir, & la liberté que l'on a de toucher
cette partie du conducteur sans le désélectri-
ser ;

fer, liberté , au moyen de laquelle on peut recevoir en même tems par les deux bras la répercuffion du fluide électrique qui réfide en nous, comme par tout ailleurs.

(*o*) Relifez la fin de la note *c* de cette Lettre, & vous comprendrez le but que je me propofe. Je ne vois pas en effet comment la feconde expérience peut être une preuve démonftrative de l'identité de la matiere ignée & du feu électrique.

H

SIXIEME LETTRE.

La Matiere électrique confidérée comme caufe de la fluidité des corps. Eau électrifée plus fluide que la même eau non électrifée. Accélération de mouvement dans l'eau électrifée, expliquée par une augmentation de fluidité.

JE fuis charmé, Monfieur, de vous avoir donné occafion de vous expliquer nettement fur les caufes Phyfiques de la fluidité. Après avoir lu tout ce que renferment vos Leçons de Phyfique expérimentale fur cette importante matiere, j'avois eu quelque peine à déterminer quel eft en ce point le fyftéme que vous adoptiez. On s'imagine d'abord que, marchant fur les traces de Gaffendi (*a*), vous faites confifter la fluidité dans la mobilité des parties dont les liquides font compofés (*b*). Point du tout ; quelques pages après, cette grande aptitude au mouvement ne devient qu'une pure condition, & vous nous donnez l'air fubtil comme la caufe phyfique & immédiate de ce grand phénoméne (*c*). Depuis lors fans doute vous avez fait de nouvelles réflexions ; & dans la Lettre que vous m'avez fait l'honneur de m'adreffer, vous me marquez expreffément que *vous penfez comme moi, que le feu élémentaire répandu dans toute la nature*, & par conféquent le feu électrique, *eft la principale caufe & la plus générale de la fluidité.* Cet aveu intéreffant, vous le faites à l'occafion de l'expérience qui nous apprend que l'eau électrifée, coule avec beaucoup plus de viteffe, que la même eau non électrifée. Vous ne goutez pas à la vérité l'explication que j'ai donnée de cette expérience curieufe (*d*). J'efpére cependant vous ramener à ma maniere de penfer ; & c'eft pour en venir plus fûrement à bout, que je me détermine à vous préfenter *en*

H 2

grand & fous toutes fes faces mon fyftéme fur les caufes phyfiques de la
fluidité des corps.

1°. On doit regarder les fluides
comme des amas de petits corps folides, affez mobiles les uns à l'égard
des autres, pour fe féparer au moindre
choc.

2°. Les particules dont les corps fluides font compofés, font très-déliées
& affez communément rondes; dé-
liées, elles font très-propres à tous les
mouvemens qu'on veut leur communiquer, parce qu'elles ont très-peu de
force d'inertie; à peu près rondes, elles n'ont pas les unes avec les autres
une cohéfion fenfible, parce qu'elles
ne fe touchent pas par beaucoup d'endroits.

3°. Les parties infenfibles de tous les
fluides, de ceux-là même qui paroiffent être dans le repos le plus parfait,
font toujours agitées d'un mouvement
en tout fens. C'eft pour cela fans doute
que les fluides ont la vertu de diffoudre les corps les plus durs.

4°. Le feu élémentaire dont il n'eſt pas impoſſible d'expliquer le mouvement *en tout ſens* (e), produit évidemment cette eſpéce d'agitation inteſtine qui regne dans les fluides. L'on doit donc aſſigner ce feu pour la cauſe phyſique & immédiate de la fluidité. Les preuves de cette aſſertion ſe préſentent comme d'elles-mêmes. Veut-on ôter à l'eau ſa fluidité ? L'on en fait ſortir une partie du feu qu'elle renferme dans ſon ſein ; & par cette opération on la voit comme métamorphoſée en un corps très dur & très-ſolide. Vient-on à bout d'introduire dans la glace une certaine quantité de feu ? On voit tout de ſuite reprendre aux parties dont elle eſt compoſée, une fluidité qui leur eſt comme naturelle. Ce n'eſt pas ſeulement la glace, ce ſont les corps les plus durs, les métaux eux-mêmes, qui ſe changent en corps fluides, lorſqu'on les ſoumet à l'action du feu. Pourroit-on après des expériences ſi frappantes, ne pas regarder cet élément comme la véritable & l'unique cause de la fluidité ?

5°. La matiere électrique est un véritable feu ; il est impoffible de ne pas en convenir, lorfqu'on la voit enflammer l'efprit de vin , rallumer une chandelle , &c. (*f*). Il feroit inutile, Monfieur , de vous prouver plus au long une pareille propofition ; il n'eft perfonne qui foit auffi perfuadé que vous (*g*) , que le feu , la lumiere & l'électricité dépendent du même principe , & ne font, que trois modifications différentes du même être : c'eft même à cette occafion que vous nous invitez à admirer la fage œconomie qu'on voit régner dans l'univers , où les caufes phyfiques font employées avec épargne , & les effets multipliés avec magnificence.

6°. Le feu élémentaire fe joint-il à des particules inflammables , telles que font les parties huileufes, fulphureufes, bitumineufes, &c ? Il

prend le nom de *feu mixte* ou *ufuel* ;
on le nomme *feu électrique* , lorfque
pour fe rendre vifible , il fe joint à
certaines parties du corps électrifé , ou
du milieu par lequel il a paffé (*h*).
Tout cela fuppofé , voici le raifon-
nement que je fais , il me paroit une
véritable demonftration.

Premiere Affertion. Le feu élémentaire eft le même que le feu électrique;
mais le feu élémentaire produit la
fluidité ; donc le feu électrique la produit auffi.

Seconde Affertion. Plus un corps
fluide acquiert de feu électrique , &
plus fa fluidité augmente. Si cela
n'étoit pas ainfi , les caufes néceffaires
n'auroient pas toujours leur effet.

Troifieme Affertion. Plus un corps
acquiert de fluidité , & plus grande
eft la viteffe avec laquelle il coule ;
puifque les écoulemens font les effets
néceffaires de la fluidité.

Quatrième Affertion. L'eau électrifée contient plus de feu que la même

eau non électrisée, ou du moins (ce qui dans le fond reviendroit au même par rapport à l'effet dont il s'agit) le feu que contient l'eau électrisée est en plus grand mouvement que celui qui se trouve dans la même eau non électrisée ; donc l'eau électrisée doit couler plus vite que la même eau non électrisée. Aussi lorsqu'on demande pourquoi par un siphon dont la plus longue branche est terminée en tuyau capillaire, l'eau électrisée coule incomparablement plus vite que la même eau non électrisée, est-il naturel de répondre qu'il faut attribuer cet effet à l'augmentation de fluidité que l'électrisation a procurée à l'eau. Voilà ce que j'ai fait à l'article *Electricité* de mon grand Dictionnaire de Physique ; & voilà précisément l'explication que vous rejettez dans votre 19e Lettre ; examinons les raisons qui vous ont engagé à prendre ce parti.

Et d'abord vous paroissez convaincu que l'augmentation de fluidité

dité fuit toujours l'augmentation fenfible de chaleur ; & comme l'électrifation n'a jamais échauffé fenfiblement,
ni folide, ni liquide inanimé, vous
vous croyez en droit de conclure que
l'eau électrifée n'eft pas plus fluide que
la même eau non électrifée. Vous ap-
puyez votre fentiment fur l'expérience qui vous a appris que le mercure d'un thermométre fortement électrifé ne montoit pas d'un centiéme
de degré.

Mais, Monfieur, que répondriez-
vous à un Phyficien qui, après avoir
avoué que l'augmentation de chaleur
eft le moyen le plus ordinaire dont on
fe fert pour augmenter la fluidité des
corps, ajouteroit qu'il doit y avoir
dans la nature plufieurs autres caufes
capables de produire le même effet ?
Vous fera-t-il permis de conclure que
la bierre ne peut point caufer d'y-
vreffe, parce que le vin eft la liqueur
dont fe fervent ordinairement ceux
qui s'enyvrent ?

I

D'ailleurs eſt-il bien décidé que l'augmentation de fluidité ſoit en raiſon directe de l'augmentation de chaleur , dans une eau qui ſe trouve dans ſon état naturel ? Newton ne le penſoit pas ainſi. Il aſſure en termes formels (*i*) que la chaleur n'augmente que la fluidité des liqueurs dont les parties ont beaucoup de ténacité & beaucoup de viſcoſité, tels que ſont l'huile , le miel , &c. Il croit même que l'eau chaude n'eſt gueres plus fluide que l'eau froide, puiſque l'une & l'autre oppoſent le même degré de réſiſtance aux corps ſolides qui les traverſent. Je penſe donc, avec le commun des Phyſiciens, que le propre de la chaleur eſt plutôt de raréfier l'eau & les autres liqueurs dont les parties ont peu de cohérence entre elles , que d'en augmenter la fluidité. Si cela n'étoit pas ainſi, on ſe verroit forcé de dire que l'eau bouillante eſt incomparablement plus fluide que l'eau froide ; ce qui eſt contraire à toute forte d'expériences. Je conviens donc qu'en électrifant forte-ment & long-temps de fuite l'efprit de vin ou le mercure de votre ther-mométre, vous ne le ferez pas mon-ter d'un centiéme de degré ; & je con-clus de là, non pas que le feu électri-que ne contribue pas à la fluidité des corps, mais qu'il ne contribue pas à leur raréfaction (*k*).

Vous ajoutez enfuite que, puifque l'écoulement de l'eau par un tuyau capillaire, s'accéléré à l'inftant même qu'on l'électrife, & qu'il recommence à fe faire goutte-à goutte & avec len-teur, dès qu'on ceffe de l'électrifer ; vous ne pouvéz pas vous réfoudre à attribuer à une augmentation de fluid-ité l'impétuofité de ce mouvement.

Mais ne vous eft-il pas démontré que l'électricité doit avoir prefque à l'inftant fon effet à des diftances très-confidérables (*l*)? pourquoi donc pa-roiffez-vous étonné de l'inftantanéité de fon action? Pourquoi encore ne vou-

lez-vous pas que l'écoulement accéléré cesse , lorsqu'on fait cesser l'électrisation de l'eau ? N'est-il pas naturel
que l'effet disparoisse avec la cause
qui le produit nécessairement ; & ne
voyons-nous pas tous les jours que le
conducteur perd son électricité, à l'instant qu'on cesse de frotter le globe
de la Machine électrique ?

Vous attribuez enfin l'effet dont il
s'agit , aux effluences qui débouchent
par l'extrêmité du tuyau capillaire,
qui s'y manifestent par un souffle ou
par une aigrette , & qui augmentent
indubitablement la vitesse de l'écoulement, en lui communiquant une
partie de la leur.

Mais ces nouvelles effluences n'ont-
elles pas pour cause une nouvelle matiere ignée qui se rend dans
l'eau qu'on électrise ; & cette nouvelle
matiere ignée peut-elle être introduite
dans l'eau , sans en augmenter la fluidité , & sans accélérer ses écoulemens ? Il ne paroit donc pas qu'il

foit poffible de bien expliquer l'expérience dont il eft ici queftion , fi l'on
ne regarde pas l'eau électrifée comme beaucoup plus fluide que la même eau non électrifée. J'ai l'honneur
d'être &c.

Notes pour la *fixieme Lettre.*

(*a*) Gaffendi eft perfuadé qu'un corps n'eft
fluide , que parce que les particules dont il
eft compofé font très petites , & qu'elles peuvent fe mouvoir indépendamment les unes des
autres. Voici comment il s'exprime au chap.
6 de la Section 1 de fa Phyfique. *Fluiditas non*
aliunde oriri videtur , quàm ex eo quòd atomi , feu
particula ex quibus corpus fluidum confat , fpa-
tiola intercepta habeant , & fic inter fe diffocia-
ta fint , ut fint invicem mobiles circum fuperfi-
cieculas , quibus fe contingunt. Ità fe rem habere
intelligimus , primùm in acervo granorum fru-
menti , quorum quodlibet , ob fpatiola intercepta ,
evolvere fe circa contigua capax eft : ex quo fit
ut in quamcumque partem volueris acervum
emovere , aut intra quodcumque vas reponere ,
ipfa grana emoveantur, effundantur, accommodent
fe fe interiori figura vafis ...... Ita verò con-
fequenter intelligendum eft fe fe rem habere in
aquâ; fi quidem difcrimen folummodo eft quod gra-
nula , feu corpufcula ex quibus acervus , feu ma-

vis , moles & cumulus aquæ contexitur , sint in-
comparabiliter minora , tenuioraque , & incom-
parabiliter angustioribus intercepta spatiolis ,
quàm concipi corpuscula valeant cujuslibet pul-
veris , quem deterere artificio liceat.

(*b*) Je croirois donc volontiers , *dit M.*
l'Abbé Nollet , au Tome 2 de ses Leçons de Phy-
sique expérimentale , pag. 449 , que les liqueurs n'ont point en elles mêmes un mouvement particulier qui les rende telles ; mais
qu'elles sont dans cet état seulement, parce
que leurs parties sont extrêmement mobiles
entr'elles. L'objet de cet article est donc de
faire connoître , autant que nous le pourrons,
ce qui peut entretenir cette mobilité respec-
tive ; & comme être dur est l'état opposé à
celui de liqueur, les causes de l'un doivent
nous indiquer celles de l'autre.

(*c*) On lit ensuite *au même Tome , pag.* 465 :
plus il y a d'air subtil dans l'intérieur d'un
corps, moins ce corps est dur ; parce qu'a-
lors les parties solides qui le composent, se
touchent par moins de surface , & que la
pression du dehors est plus soutenue par
celle que le fluide transmet au dedans. Quand
la cire , par exemple , s'amollit sensiblement,
c'est que l'air subtil dont elle est pénétrée ;
dilaté par la chaleur , dilate de même les
espaces qu'il occupe ; & comme ces espaces
ne peuvent s'augmenter que par l'écartement
des parties solides qui les entourent ; le contact de celles-ci devient plus rare , leur jonc-
tion moins exacte , leur cohérence moins
forte.

On lit enfin à la *pag.* 471 : Les deux états
oppofés, je veux dire, la folidité & la fluidité, dépendent donc de la même caufe ;
c'eft l'air fubtil qui fixe les parties d'une
matiere, lorfque fa preffion extérieure excéde
la réaction qu'il fait en dedans ; & c'eft ce
même fluide qui rend & entretient les parties
mobiles, en s'introduifant entre elles en fuffifante quantité.

(*d*) M. l'Abbé Nollet dans fa Lettre 19e.
pag. 203, me parle de la forte : Je penfe
comme vous, que le feu élémentaire répandu dans toute la nature, eft la principale caufe & la plus générale de 1 fluidité :
je conjecture encore avec prefque tous les
Phyficiens, que ce fluide fubtil qui fait naître la chaleur & l'inflammation, produit
auffi les phénoménes de l'électricité ; mais
je fçais pareillement que pour ces divers
effets, il faut qu'il foit différemment modi-
fié. Quand il met un corps en fufion, quand
il en augmente la fluidité, c'eft en le ren-
dant fenfiblement plus chaud ; ce qu'il ne
fait pas ordinairement en produifant les phénoménes électriques : L'efprit de vin, ou le
mercure du thérmométre le plus fenfible, ne
monte pas de $\frac{1}{100}$ de degré, quoi qu'on l'électrife fortement & long-tems de fuite : vous
n'échaufferez jamais ni folide, ni liquide inanimé par la feule électricité.

Comment voulez-vous donc que je croie
avec vous qu'un écoulement électrifé, d'inter-
mittent qu'il eft devient continu, & s'accé-

I 4

lére *par une augmentation de fluidité*, qu'aucune bonne raifon ne m'autorife à fuppofer, & que l'expérience même femble démentir.

Mais quand on voudroit admettre cette caufe, quiconque aura vû le fait, quiconque l'aura examiné, ne pourra fe réfoudre à penfer que la divergence des jets, toutes les directions qu'on peut leur faire prendre indifféremment, l'impétuofité de leur mouvement, foient les effets d'une plus grande mobilité de parties qui commence & finit dans un inftant, comme l'électrifation. Car c'eft un fait conftant, que l'écoulement s'accélére à l'inftant même qu'on l'électrife, & qu'il recommence à fe faire goutte à goutte, dès qu'on ceffe d'électrifer. On trouvera la vraie caufe de cet effet, fi l'on fait attention aux effluences qui débouchent par l'extrêmité du tuyau capillaire, qui s'y manifeftent par un fouffle, ou par une aigrette, & qui augmentent indubitablement la viteffe de l'écoulement, en leur communiquant une partie de la leur.

(*e*) Imaginez-vous un globule infiniment petit du *premier ordre*, autour duquel fe trouvent des globules infiniment petits du *fecond ordre*; chacun de ceux-ci fera fenfiblement attiré par celui-là, & par là même chacun de ceux-ci aura une force centripéte vers celui-là, puifque les infiniment petits du *premier ordre* font infiniment plus grands que les infiniment petits du *fecond ordre*. Imaginez-vous enfuite que la caufe premiere a impri-

mé à chacun des globules placés à la circonférence, une force de projection proportion-
nelle à leur force centripéte ; ces globules
animés en même tems par ces deux forces,
feront obligés de tourbillonner autour du
globule infiniment petit du *premier ordre*,
à peu près comme la Lune eft obligée de
tourbillonner autour de la Terre ; & voilà
ce qu'on peut appeller un véritable *tourbillon
ignée*. Mettez enfemble plufieurs de ces tourbillons ; ils formeront un fluide agité *en
tout fens*, des mouvemens duquel il fera facile de rendre raifon d'une maniere très méchanique, quelque irréguliers que paroiffent ces mouvements. Voulez-vous des tourbillons ignées encore plus petits que ceux
dont on vient de faire la defcription ? Placez
au centre tantôt un globule infiniment petit
du *fecond ordre* entouré de globules infiniment petits du *troifieme ordre* ; tantôt un globule infiniment petit du *troifieme ordre* entouré de globules infiniment petits du *quatrieme ordre*, &c., vous aurez le feu le plus
fubtil que l'on puiffe imaginer. Voilà en
deux mots quelle idée on doit fe former du
feu élémentaire, lorfqu'on veut rendre raifon du mouvement *en tout fens* dont il eft
agité. L'on trouvera cette matiere traitée
plus au long & rapprochée de fes Principes,
non-feulement, à l'article *Feu* de la troifieme
édition de notre petit Dictionnaire de Phyfique, mais fur-tout au Tome 3e. de notre
Traité de paix entre Defcartes & Newton,
pag. 86 *& fuivantes.*

(*f*) Placéz une perfonne fur le gâteau de réfine : électrifez-la par le moyen du globe de verre, & préfentez-lui dans une cuiller de métal, de l'efprit de vin, ou une liqueur inflammable, légérement chauffée ; la perfonne en queftion allumera la liqueur avec le bout du doigt.

L'on verra dans la note fuivante comment on peut avec la matiere électrique rallumer une chandelle éteinte.

(*g*) Pour fe convaincre que le feu électrique n'eft pas diftingué du feu élémentaire, il faut lire ce qu'a écrit fur cette matiere M. l'Abbé Nollet depuis la *page* 248 jufqu'à la *page* 260 du Tome 6e. de fes Leçons de Phyfique expérimentale. Voici ce qu'il y a de plus décifif dans ces 12 pages. Electrifez une barre de fer, dont le bout le plus reculé foit un peu arrondi : préfentez le doigt à cette partie, comme pour en tirer une étincelle ; & placez entre l'un & l'autre le lumignon d'une chandelle nouvellement éteinte.

Si lorfque l'étincelle éclate, le trait de matiere électrique traverfe le jet de fumée qui fort du lumignon ; vous verrez prefque toujours la chandelle fe rallumer.

La matiere qu'on voit briller dans cette expérience eft évidemment la matiere électrique. Or cette matiere luit & éclaire, brûle & enflamme. La reffemblance dans les effets annonce affez fûrement l'identité des caufes. Donc on peut conclure, avec beaucoup de vraifemblance, que ce fluide reconnu par les

Physiciens sous le nom de *feu élémentaire*, & à qui ils attribuent la propriété de produire la *lumiere*, est aussi celui que la nature employe pour tous les phénoménes électriques.

(*h*) On ne peut pas dire, *remarque M. l'Abbé Nollet*; que la matiere électrique soit purement & simplement l'élément du feu dépouillé de toute autre substance; l'odeur qu'elle fait sentir semble prouver que cela n'est pas. On peut ajouter que quand cette matiere s'enflamme, elle paroit sous diffé-rentes couleurs, tantôt violette ou purpuri-ne, selon la nature des corps d'où elle sort, & selon l'état actuel des milieux où elle est reçue. *Tome 6 des Leçons de Physique expéri-mentale, page* 260.

(*i*) *Calor multum facit ad fluiditatem, di-minuendo tenacitatem corporum. Fluida reddit multa corpora, quæ alioqui fluida non sunt; au-getque fluiditatem liquorum, ut olei, balsami, mellis; eorumque vim resistentem eo pacto im-minuit. At aqua vim resistentem non multùm im-minuit; quod utique facere deberet, si quidem aquæ resistentia pars aliqua notatu digna oriretur ex attritu vel tenacitate partium suarum.* Opti-que de Newton, Livre 3ᵉ, Question 28ᵉ, page 296.

(*k*) Je ne connois aucun Physicien qui ait expliqué les effets du thermométre par le plus ou le moins de fluidité du mercure qu'il contient. Ils disent tous que cet instrument météorologique est très-propre à nous indi-quer les variations qui arrivent dans l'athmos-

phére par rapport à la chaleur & au froid,
parce que la chaleur dilate, & que le froid
condenfe le mercure. Ils concluent de là avec
raifon que le mercure du thermométre doit
d'autant plus monter, que le tems eft plus
chaud, & doit d'autant plus defcendre, que
le tems eft plus froid. Eh comment pourroit-
on en Phyfique propofer férieufement une
explication différente de celle-ci? Pour en
faire fentir le faux, ne fuffiroit-il pas de rapporter la maniere dont fe conftruit le thermométre de Reaumur?

On prend un verre dont la boule ait près
d'un pouce, & le tube une demi ligne de
diamétre dans toute fa longueur qui eft d'un
pied.

On remplit de mercure la boule & environ les deux tiers du tuyau.

On plonge la boule dans un vafe plein de
glace pilée bien menue, & on l'y laiffe jufqu'à ce que la liqueur ait reçu tout le froid
qu'elle y peut prendre, c'eft-à-dire, jufqu'à
ce qu'elle ceffe de defcendre dans le tube.

Après cette premiere opération, on tranf-
porte la boule du thermométre dans un vafe
rempli d'eau bouillante; on l'y laiffe plongée
jufqu'à ce que la liqueur ceffe de monter, &
lorfque le mercure eft élevé à cette hauteur,
on ferme hermétiquément l'orifice du thermométre, de telle forte qu'il n'y ait point
d'efpace dans le tube qui ne foit rempli de
mercure.

On prépare enfuite une planche fur la-

quelle on puiffe appliquer le verre du thermométre, & fur laquelle encore foit tracée
une échelle dont les points les plus intéreffants font o & 80.

On fait enforte que le point de l'échelle
où l'on a marqué o, correfponde à l'endroit
du tube où la liqueur s'eft fixée, lorfque
la boule du thermométre étoit plongée dans
le vafe plein de glace pilée ; & que le point
de l'échelle où l'on marque 80, foit vis-à-vis
l'endroit du tube où la liqueur s'eft élevée
par le moyen de l'eau bouillante.

Enfin on divife en 80 parties, ou 80 degrés égaux, l'efpace de l'échelle qui marque
la différence qu'il y a entre le mercure plongé
dans la glace pilée & le mercure plongé dans
l'eau bouillante. Cette même divifion fert à
graduer la partie de l'échelle qui fe trouve
au deffous de o.

De cette conftruction il fuit évidemment
que le méchanifme du thermométre ne dépend pas du plus ou du moins de fluidité,
mais uniquement du plus ou du moins de
dilatation du mercure ; & comme il eft très-
facile qu'un corps augmente en fluidité,
fans augmenter en dilatation, il n'eft pas
étonnant que le mercure d'un thermométre
fortement électrifé, ne monte pas d'un centiéme de degré, quoique par l'électrifation
il foit devenu beaucoup plus fluide, qu'auparavant.

(1) M. l'Abbé Nollet avoue (*Tome 6 des Leçons de Phyfique expérimentale, pag.* 443) que l'E-

lectricité fe communique prefque en un inftant par une corde de douze cent pieds & plus, à laquelle on fait faire plufieurs retours.

M. Jallabert démontre que l'Electricité fe meut plus rapidement que le fon. J'arrê- tai (*dit-il pag.* 95 *&* 96) à la barre qui fer- voit de conducteur , une chaîne de métal d'environ 1050 pieds de longueur. Après dif- férents détours , l'autre bout , auquel étoit appendu une plaque de métal , étoit conduit au deffous d'un gueridon couvert de parcelles de feuilles dor. Pour intercepter la matiere électrique , une perfonne , non ifolée , tou- choit le bout de la chaîne contigu à la barre qu'on électrifoit ; & lorfqu'à un fignal con- venu elle le lacha , il fut impoffible d'obfer- ver aucun intervalle de cet inftant à celui où les fragments de feuilles d'or furent agités. Donc l'Electricité fe meut plus vite que le fon : tout le monde fçait que le fon ne par- court, à chaque feconde de tems , que 173 toifes de Paris.

SEPTIEME LETTRE.

Réponses à quelques Objections moins confidérables répandues dans la 19ᵉ Lettre de M. l'Abbé Nollet.

LEs plus fortes objections que vous m'ayez propofées, Monfieur, dans la Lettre que vous m'avez fait l'honneur de m'écrire, font fans contredit celles qui ont rapport à l'*étincelle électrique*, au *coup fulminant*, & à la *fluidité* des corps confidérée comme l'effet immédiat de l'Electricité. Il me femble y avoir répondu dans mes trois dernieres Lettres d'une maniere fatisfaifante, & vous avoir prouvé que ces phénoménes intéreffants s'expliquent dans mon hypothéfe de la maniere du monde la plus naturelle. Il refte encore quelques objections beaucoup moins confidérables que les premieres. Je vais me les propofer en peu de mots ; je vous promets de n'en laiffer aucune fans réponfe.

1°. Tout corps électrifé, *me dites-vous*, attire & repouffe les corps légers; c'eft là une définition de *nom* qu'on pourroit prefque ériger en Principe. Mais les corps qu'on fuppofe entourés d'athmofphéres rares, n'attirent, ni ne repouffent les corps légers; donc ils ne font pas électrifés; donc ces athmofphéres rares font une pure imagination (*a*).

Eft-il bien fûr, Monfieur, que les attractions & les répulfions foient les effets de toute efpéce d'électricité? Je ne le crois pas; je crois au contraire que ce font là les effets de la feule électricité *totale*. A cette occafion je vous prie de remarquer que l'Electricité eft une queftion encore toute neuve. C'eft aux Phyficiens de ce fiécle à propofer différentes théories; & ce fera à nos fucceffeurs à décider dans la fuite laquelle mérite la préférence. Quelles font donc les définitions qu'il vous eft

permis

permis d'attaquer ? Sont-ce celles qui
ne font pas conformes à votre maniere
de penfer ? point du tout ; en vous
comportant de la forte, vous vous
conftitueriez juge dans votre propre
caufe ; ce font celles qui font ou
contredites par l'expérience, ou qui
ne s'accordent pas avec le fyftéme
qu'on propofe. Je crois avoir de bonnes raifons pour avancer que certains
corps, lors même qu'ils n'attirent &
qu'ils ne repouffent pas les corps légers, font entourés d'athmofphéres
électriques rares, & je dis que ces
corps font *électrifés à demi.* Donnez-
moi quelque expérience qui démontre
la fauffeté de mon affertion, ou bien
prouvez-moi que ma définition ne
s'accorde pas avec les Principes que
j'ai pofés ; alors je l'abandonnerai.
Mais n'allez pas me dire, pour m'engager à changer de fentiment, qu'il
fuit de vos définitions que tout corps
électrifé, quelque efpéce d'électricité qu'il ait reçue, doit attirer &

K

repouffer les corps légers ; vous me
forceriez à vous répondre que cela
ne fuit pas des miennes , & qu'il
n'eft point de pays plus libre que la
Phyfique.

2°. Vous ne voulez pas que je me
ferve de comparaifons , lorfqu'il s'a-
git d'expliquer les phénoménes électriques. Vous ne voulez pas fur-tout
que j'emploie celle du fufil à vent,
pour faire entendre comme l'électricité fe rallentit & s'éteint dans un
corps que l'on fait étinceller plufieurs
fois de fuite ; & ce qui vous engage à
rejetter cette comparaifon, c'eft qu'elle
fuppofe qu'il eft des cas où la matiere
électrique fe trouve fortement comprimée dans le fujet qui la reçoit (*b*).

Mais fi le cas de la compreffion n'eft
pas un cas métaphyfique, ma comparaifon du fufil à vent ne fera-t-elle pas
des plus heureufes ? Or je crois avoir
prouvé dans ma cinquieme Lettre que
la matiere électrique eft très-compri-
mée dans la bouteille de Leyde. Vous

me permettrez donc de continuer à comparer cette bouteille à un fusil à vent, & d'expliquer par là pourquoi le coup qui suit la seconde étincelle est beaucoup moins fort, que celui qu'on ressent après avoir tiré la premiere.

Vous attaquez enfin de toutes les façons la maniere dont j'explique pourquoi un homme électrisé qui passe légérement sa main sur une personne non isolée, vêtue de quelque étoffe d'or ou d'argent, la fait étinceller de toute part, non-seulement elle, mais encore toutes les personnes qui sont habillées de pareilles étoffes, & qui la touchent (*c*). Et d'abord vous me dites que je perds de vue le choc des deux courans dans les explications où il est indispensable de le citer.

Mais de quels courans voulez-vous me parler ici ? c'est sans doute de votre matiere *effluente* & *affluente*; je ne sçache pas en avoir grand besoin dans cette occasion. J'excite ici la premiere

K 2

étincelle, de la même maniere dont je fais étinceller le conducteur ; puifque l'homme qui paffe la main , eft entouré d'une athmofphére électrique denfe , & que les étoffes d'or ou d'argent font entourées d'une athmofphére électrique rare.

Vous ajoutez enfuite que je n'explique pas cette expérience en difant que le feu qui fort du corps électrifé, communique fon mouvement à celui qui eft renfermé dans l'étoffe ; puifque , fi cette explication fuffifoit, les conducteurs ifolés , dès qu'ils feroient expofés à l'action du globe, devroient jetter des étincelles de toute part.

Mais , Monfieur , vous qui nous expliquez cet effet par le choc des matieres *effluente* & *affluente* , (*d*) ne pourroit-on pas vous faire remarquer que vous avez précifément la même difficulté à réfoudre que moi ? Vous me répondrez , je le fçais , que les étoffes d'or & d'argent contiennent de petites lames de métal féparées les

unes des autres par la foye, ou en général par les matieres qu'on a fait entrer avec elle dans le tiffu ; au lieu
que les conducteurs font compofés
d'une matiere continue, fenfiblement
homogéne. J'approuve cette réponfe ;
mais je vous prie de remarquer qu'elle
quadre auffi bien avec mon explication qu'avec la vôtre.

Vous ne voulez pas enfin que pour
diminuer la furprife que caufe cette
expérience, je compare la matiere
électrique renfermée dans l'étoffe d'or
ou d'argent, à une infinité de grains
de poudre, rangés l'un après l'autre.
Il en fera ce que vous voudrez ; mon
explication fubfifte toute entiere fans
cette comparaifon ; & je me foutiens
affez bien dans mes Principes, pour
n'avoir pas befoin d'un pareil appui.
Je ferois cependant charmé de fçavoir en quoi précifément elle eft dé-
fectueufe. Il me paroit que vous avez
recours à une parité femblable, lorfqu'il s'agit d'expliquer comment l'é-

lectricité se communique presque en un instant par une corde de 1200 pieds (*e*).

Voilà , Monsieur , ce que vous avez cru devoir me représenter, en me considérant comme Auteur d'une nouvelle hypothése ; & voilà les réponses que j'ai cru devoir vous faire en cette qualité. Dans le reste de votre Lettre vous me considérez comme Historien, & vous me dites que ce titre vous donneroit matiere à quelques remarques ; mais que pour terminer votre Lettre , que vous regardez déja comme trop longue , vous vous bornerez à une seule.

Avant que d'en venir à l'examen de cette remarque unique qui vous a tenu lieu de toutes les autres , vous me permettrez bien de vous représenter qu'il n'est rien dans mes Ouvrages qui ait pu vous donner lieu de me mettre au rang des Historiens de l'E-lectricité. Après avoir expliqué les phénoménes électriques selon les Prin-

cipes établis dans la nouvelle hypothéfe que j'avois imaginée, j'invitai
mes Lecteurs à fe déclarer pour quelque autre fyftéme, s'il arrivoit qu'ils
trouvaffent mes explications peu naturelles, ou peu conformes aux loix
de la faine Phyfique; & pour leur
épargner la peine de feuilleter bien
des livres, je me déterminai à rapporter d'une maniere purement hifto-
rique, & fans rien changer au texte
des Auteurs, les fyftémes de tout ce
qu'il y a eu de plus grands Phyficiens
en matiere d'Electricité. Je n'ai jamais prétendu qu'un travail auffi
mince me donnât lieu d'afpirer à la
qualité d'Hiftorien; une bonne Hiftoire de l'Electricité eft un ouvrage
de longue haleine, & un ouvrage
qui nous manque; il feroit à fouhai-
ter qu'il vous vint jamais en penfée
de l'entreprendre; je ne connois perfonne qui foit mieux en état d'y réuf-
fir que vous.

Après cette efpéce de préambule,

il eſt tems de diſcuter la remarque qui termine votre dix-neuvieme Let- tre (*f*). Vous me dites d'abord qu'il y a long-temps que vous aviez prévu que l'on finiroit par vous diſputer la découverte des *effluences* & des *af- fluences électriques*. Vous ajoutez que vous gardez parmi vos papiers la re- tractation d'un Auteur célébre qui avoit voulu en faire honneur à Boyle. Vous avouez enſuite que Deſcartes a parlé le premier de tous, des *effluen- ces* & des *affluences ſucceſſives*. Vous annoncez enfin à tous les Phyſiciens que la découverte qui vous eſt pro- pre, c'eſt d'avoir trouvé la *ſimulta- néité des deux courans oppoſés*. Comme je me ſuis contenté d'attribuer à Deſ- cartes la découverte des *effluences* & des *affluences ſucceſſives*, & que je vous ai toujours regardé comme l'in- venteur de la *ſimultanéité*, vous me feriez plaiſir de me dire à qui eſt-ce que cette remarque peut s'adreſſer. Je vous fais cette demande avec d'au- tant

tant plus d'affurance, que vous convenez que vous n'avez rien à me reprocher de ce côté là. Vous feriez auffi
fâché que moi, fi quelques perfonnes mal affectionnées abufoient de
vos paroles, pour m'attribuer des intentions que je n'ai jamais eues, &
que je fuis incapable d'avoir. J'ai
l'honneur d'être &c.

Notes pour la feptieme Lettre.

(*a*) La première objection eft tirée de la
page 187 de la 19ᵉ Lettre, où M. l'Abbé
Nollet me parle de la forte : Revenons un
moment à ces athmofphéres qui font prefque
toute la différence de nos deux opinions. Si
ce font des athmofphéres vraiement électriques, felon vos Principes & les miens, elles
doivent être compofées d'effluences & d'affluences fimultanées ; les corps qu'elles en-
veloppent doivent attirer & repouffer : or
ceux qui ne font point ifolés, ne montrent
ni attraction ni répulfion, d'où je conclus
qu'ils n'ont point d'athmofphéres ni fortes
ni foibles.

(*b*) Les comparaifons, *me dit M. l'Abbé*
Nollet, n'expliquent rien ; & fouvent elles
font prendre des idées fauffes, à caufe de la

L

difparité qui fe trouve entre les objets com-
parés. Celle du fufil à vent dont vous vous
fervez, pour faire entendre comment l'électricité fe rallentit & s'éteint dans un corps
que l'on fait étinceller plufieurs fois de fuite,
n'eft point heureufe. Votre Lecteur qui fçaura
qu'un fufil à vent eft un inftrument dans lequel on comprime une certaine quantité
d'air, qu'on en laiffe échapper une portion
pour chaque coup que l'on veut tirer, & que
le reffort de celui qui refte va toujours en s'af-
foibliffant à proportion de la quantité qui fort,
ce Lecteur, dis-je, ne manquera pas d'imaginer d'après votre explication, qu'un corps
électrifé eft une efpéce de magazin dans lequel on a renfermé une certaine dofe de matiere électrique : que quand on en approche
le doigt, on en fait fortir une portion (fans
qu'on fçache comment), que les premiers
jets s'élancent avec plus d'impétuofité que les
derniers, parce qu'à mefure que la charge
diminue, elle fe trouve moins comprimée
dans le corps qui la contient.

Ce n'eft pourtant point là, je penfe, ce
que vous avez intention de faire entendre,
puifque vous faites confifter l'électricité dans
les mouvemens oppofés & fimultanés de deux
courans de matiere que vous & moi nom-
mons effluences & affluences, ce qui fuppofe que le corps électrifé n'eft qu'un agent
qui met ce fluide fubtil en jeu, recevant du
dehors autant qu'il fournit de fon propre
fonds, & n'étant jamais furchargé. Pour

revenir au fait dont il s'agit , ne vaut-il pas mieux dire qu'un corps électrifé perd fa vertu , parce que ces étincelles produites comme il eft vifible , par le choc réitéré des deux courans , occafionnent dans l'un & dans l'autre , des ré- trogradations , des répercuffions qui rallentif- fent leur activité , & les réduifent enfin à une inaction totale. *Lettre* 19ᵉ. *fur l'Electricité* , *pag.* 196 *&* 197.

(c) A l'article *Electricité* de mon grand Dictionnaire de Phyfique , j'explique ainfi l'expérience dont il s'agit : je me repréfente les étoffes d'or ou d'argent comme remplies & pénétrées de la matiere électrique en re- pos. Je me repréfente un homme électrifé comme rempli & pénétré de la matiere électrique en mouvement. Lorfque l'homme électrifé paffe légérement fa main fur une perfonne non ifolée vêtue de quelque étoffe d'or ou d'argent , il en fort une matiere qui met en mouvement & en feu celle qui étoit renfermée dans l'étoffe d'or ou d'argent ; l'on doit donc voir fortir des étincelles , non- feulement de la perfonne que l'homme élec- trifé touche , mais encore de toutes celles qui font vêtues de pareilles étoffes , & qui ont communication avec elle. L'on fçait que l'électricité fe communique , prefque en un inftant , par une corde mouillée de 1200 pieds : à plus forte raifon doit-elle fe com- muniquer à quelques perfonnes qui fe tou- chent , & qui font vêtues de pareilles étoffes ...... Pour expliquer cette même expérien-

ce, j'aurois presque été tenté de regarder
la matiere électrique renfermée dans l'étoffe
d'or ou d'argent, comme une infinité de
grains de poudre rangés l'un après l'autre,
& dont le premier est mis en feu par les rayons de matiere qui sortent de la main de
l'homme électrisé. *Grand Dictionnaire de Physique, Tome 2, pag.* 35.

M. l'Abbé Nollet attaque ainsi l'explication précédente : vous perdez de vue ce choc
des deux courans dans les explications où il
est indispensable de le citer ; ou bien vous
ne vous expliquez pas d'une maniere convenable. Comprendra-t-on, par exemple, comment un galon, une étoffe d'or ou d'argent
étincelle en plusieurs endroits de sa surface
en touchant un corps électrisé, si vous vous
contentez de dire pour toute raison, que
le feu qui sort du corps électrisé, communique son mouvement à celui qui est renfermé dans l'étoffe, & que les parties de celui-
ci éclatent en s'enflammant, *comme une infinité de grains de poudre rangés l'un après l'autre.*
Ne faut-il donc qu'un mouvement quelconque à la matiere électrique pour la faire étinceller ? Si cela suffisoit, les conducteurs isolés, dès qu'ils seroient exposés à l'action du
globe, ne jetteroient-ils pas des étincelles
de toutes parts ; & tous ceux qui ne sont
point isolés, & qui avoisinent un corps qu'on
électrise, auroient-ils besoin de s'en approcher de si près pour produire le même effet ?
N'est-il pas bien prouvé que la matiere élec-

trique fe met en mouvement en eux, auffi-
tôt qu'ils entrent feulement dans la fphére
d'activité du corps qu'on électrife. *Lettre* 19e.
pag. 197 *&* 198.

(*d*) Ce fait (celui de l'homme électrifé
qui fait étinceller les étoffes d'or ou d'argent) n'eft au fond que celui-ci qui eft plus
connu. Tandis qu'un fil de métal non ifolé
fait étinceller en *e* (*Fig.* 1. *pl.* 1.) un corps
qu'on électrife, il étincelle lui-même par fon
autre extrêmité *f* , s'il s'y rencontre quelqu'autre corps non ifolé qui lui foit prefque
contigu ; & l'on peut multiplier cet effet en
arrangeant ainfi de pareils corps à la fuite de
celui qui fe préfente au corps électrifé, en
obfervant toujours de les tenir féparés les
uns des autres par un très-petit intervalle.

Je dis que le fait dont il s'agit revient à
celui-là ; car ce font de petits fils, ou de petites lames d'or & d'argent dont la continuité
a été interrompue par les accidents que l'é-
toffe a foufferts ; ce font des portions de métal féparées les unes des autres par la foye, ou
en général par les matieres qu'on a fait entrer
avec elles dans le tiffu : il ne s'agit donc plus
que de rendre raifon de ce dernier fait , &
voici comment on le peut faire.

Quand le premier de ces fils de métal qui
font à la fuite les uns des autres , fe trouve
affez près du corps qu'on électrife, la matiere effluente de celui-ci, & la matiere affluente qui vient de celui-là , s'enflamment
en fe choquant , & cette collifion rend ces

deux courants de matiere électrique rétro-
grades. Voici ce que cela produit dans les
petits intervalles *f* , *g* , *h* , *i* &c ; la matiere qui fortoit du premier corps pour aller
au conducteur ifolé , étant repercutée vers
f , rencontre & repercute à fon tour , celle
qui débouche du fecond avec la même tendance ; celle ci , en rétrogradant , fait la même chofe en *g* , & ainfi de fuite ; & tant que
ces répercuffions font affez fortes , elles fe
manifeftent par des coups de lumiere , &
par des fecouffes fenfibles , quand elles aboutiffent à des corps animés. *Tom. 6 des Leçons de
Phyfique expérimentale , pag.* 465 *& fuivantes.*

Ceux qui prendront la peine de rapprocher
l'explication de M. l'Abbé Nollet de celle
que nous avons donnée du même fait à la
note *c* , remarqueront fans doute que nous
nous fervons l'un & l'autre d'une comparaifon pour nous rendre plus fenfibles. Je
leur laiffe à décider fi celle des grains de poudre rangés de file , ne vaut pas celle de plufieurs fils de métal mis à la fuite l'un de l'autre.

(*e*) Comment peut-il fe faire que la matiere électrique paffe fi promptement d'un bout
à l'autre d'une corde de 1200 pieds & plus ?
c'eft une fuppofition très-vraifemblable , ré-
pond M. l'Abbé Nollet , & que les plus habiles Phyficiens n'ont pas fait difficulté d'avancer ou d'admettre que , dans les corps les plus
denfes , il y a plus de vuide que de plein ,
plus de pores que de parties folides ; on peut
donc croire , à plus forte raifon , que dans

une corde , dans une verge de fer &c. la porofité eſt telle que la matiere électrique (*fluide ſubtil qui réſide par tout*) jouit d'une continuité de parties non interrompue. Ainſi dès que les rayons ou les filets de cette matiere très-mobile par elle-même , ſont pouſſés par un bout.... je conçois que le mouvement eſt bientôt tranſmis juſqu'à l'autre extrêmité ; ou que les parties venant à ſortir donnent lieu aux autres de les ſuivre ſans délai , à peu-près comme le mouvement ſe tranſmet par une file de corps élaſtiques & contigus ; ou bien comme l'eau d'un canal ſe meut toute entiere , dès qu'on lui permet, ou qu'on la force de couler par un bout.

Ainſi quand j'électriſe une corde de deux cent toiſes par l'une de ſes extrêmités , je ne prétens pas , *continue le même Phyſicien* , que dans le premier inſtant , les rayons effluents de l'autre bout ſoient individuellement la matiere électrique du tube qui ait parcouru toute la longueur de la corde , mais ſeulement une matiere ſemblable , qu'elle a trouvé réſidente dans la corde , & qu'elle a pouſſée devant elle. *Tome 6 des Leçons de Phyſique expérimentale , pag.* 443 *& ſuivantes.*

(*f*) Voilà , M. R. P. *dit M. l'Abbé Nollet* , ce que j'avois à vous repréſenter , en vous conſidérant comme Auteur. En qualité d'Hiſtorien , vous me donnez bien encore matiere à quelques remarques ; mais il faut terminer cette Lettre qui eſt déja bien longue , je me bornerai à celle-ci.

L 4

J'ai prévu il y a long-tems que quand on seroit las de combattre mes *effluences* & mes *affluences*, on finiroit par m'en disputer la découverte : un Auteur célébre, en adoptant mon
sistéme d'électricité, a déja dit que je tirois
toutes mes explications d'un *fluxus* & *affluxus*
de la matiere électrique, lequel, dit-il, n'a pas
été inconnu à Boyle. Il est vrai que quand
je l'ai prié de m'indiquer l'endroit où je
pourrois trouver cette idée du Physicien
Anglois, il m'a répondu par une lettre très-
honnête que j'ai gardée, que je n'y trou-
verois rien qui ressemblât à la mienne ;
qu'il ne le pensoit pas, & que par ces deux
mots, il n'avoit point eu intention de le faire
penser à personne. Je suis bien persuadé que
vous n'avez pas eu plus que lui un tel des-
sein, en disant que, selon Descartes, les
phénoménes de l'électricité n'ont pour cause
Physique, que *l'effluence* & *l'affluence* d'une
matiere très-subtile. Je le crois d'autant
moins, que vous ajoutez incontinent après les
mots d'effluence & d'affluence, *non pas
simultanée, mais successive.* Mais comme il y
a des gens qui abusent de tout, vous voudrez
bien me permettre de dire ici à quoi se bor-
nent mes prétentions. *Lettre* 19ᵉ. *sur l'Electricité pag.* 204 *& suiv.* Relisez la note *c* de
la troisieme Lettre, *pag.* 41, vous y trouverez
en quoi consistent les prétentions de M. l'Abbé
Nollet en fait d'électricité. Je crois qu'il auroit pu, sans être contredit par personne,
porter ses vûes beaucoup plus haut qu'il ne
l'a fait.

HUITIEME LETTRE.

Supplément à l'Histoire de l'Electricité. Découvertes d'Otto de Guericke & de Boyle. Place que doivent occuper parmi les Physiciens électrisants, Descartes & M. l'Abbé Nollet.

TOUS ceux qui ont traité l'Électricité d'une maniere historique, donnent, Monsieur, les plus grands éloges à deux célébres Physiciens du siecle passé, Otto de Guericke (*a*) & Boyle (*b*). Ils racontent avec complaisance que le premier imagina de faire tourner sur son axe une boule de soufre, grosse comme la tête d'un enfant, & qu'il la rendit électrique par le frottement & le mouvement de rotation. Ils ajoutent que, par le moyen d'un fil, il transmit la vertu de ce globe jusqu'à la distance d'une aune. Ils assurent enfin qu'il remarqua que ce globe, frotté dans l'obfcurité, répandoit de la lumiere. Pour Boyle, ils le regardent comme l'inventeur des expériences électriques qui fe font dans le vuide. Ce grand Phyficien foupçonna d'abord que la matiere électrique étoit diftinguée de l'air que nous refpirons. Pour s'en convaincre parfaitement, il électrifa un morceau d'ambre-jaune; il le fufpendit dans une fiole au deffus d'un corps léger; il pompa l'air de la fiole; il laiffa defcendre l'ambre-jaune près du corps léger; & celui-ci en fut attiré fenfiblement. Il conclut de là que la vertu électrique une fois excitée, fe conferve dans le vúide, & que la matiere qui la produit, n'eft pas l'air groffier dans lequel nous vivons. Ces belles découvertes, faites dans un tems où la Phyfique étoit prefque au berceau, méritent à ces deux grands Hommes, je l'avoue, la place honorable qu'ils occupent dans l'hiftoire de l'Électricité. Mais ce que je ne comprens pas, & ce que je ne pourrai jamais comprendre, c'eft que l'immortel Defcartes n'y occupe aucun rang, lui, qui quelques années avant Guericke & Boyle, avoit avancé que *le verre étoit le plus électrifable de tous les corps* : que *la matiere électrique n'étoit pas diftinguée de la matiere ignée* : que *cette matiere fe manifeftoit en forme de bandelette* : qu'elle *fe mouvoit plus facilement dans le verre que dans l'air* : qu'enfin il falloit regarder *les effluences & les affluences fucceffives de cette matiere, comme la caufe la plus naturelle des phénoménes électriques qu'on connoiffoit de fon temps, & de ceux dont on feroit la découverte dans la fuite* (c). Auffi me félicité-je d'avoir été le premier à faire rendre à ce reftaurateur de la Phyfique, la juftice qu'il mérite en matiere d'électricité (d) ; & c'eft toujours dans la même vûe que je me détermine à démontrer que ce n'eft pas par hazard, mais en vertu d'un fyftéme fuivi, que Defcartes a propofé toutes fes affertions.

Et d'abord est-il bien vrai que Descartes ait regardé le verre comme le plus électrisable de tous les corps ? Il me paroit qu'on ne peut pas raisonnablement en douter, lorsqu'on fait attention que ce Physicien a fait dépendre la force de l'électricité de la nature du verre & de la maniere dont ses parties sont arrangées les unes à l'égard des autres (*e*), lui qui sçavoit cependant que plusieurs autres corps ne pouvoient pas être frottés, sans attirer & repousser les corps légers (*f*).

Il n'est pas moins vrai qu'il a reconnu l'identité de la matiere électrique & de la matiere ignée, puisqu'après avoir assigné la matiere du premier élément pour la cause du feu, il la donne encore ici pour être la cause de l'électricité (*g*).

On peut, sans s'écarter beaucoup de ses idées, donner à la matiere électrique la forme de rayon ; il ne fait pas difficulté de nous dépeindre les particules dont elle est composée, comme des espéces de bandelettes minces, larges & oblongues, *in quasdam quasi fasciolas tenues, latas & oblongas efformari* (*h*).

Il est persuadé que ces particules se meuvent plus difficilement dans l'air, que dans les corps électriques ; il l'assure deux fois dans le même article, de maniere à ne laisser là-dessus aucun doute dans l'esprit de ses Lecteurs (*i*).

Il reconnoit enfin des *effluences* & des *affluences successives*, puisqu'il fait revenir dans le verre les mêmes particules que le frottement en avoit fait sortir (*k*). Quelle idée ne doit-on pas après cela se former de Descartes ; & quel autre qu'un Génie créateur a pu parler d'une maniére si raisonnable dans un temps où l'on ne voyoit dans les corps électriques, que la vertu qu'ils ont d'attirer & de repousser les pailles, les petites plumes, les petites feuilles de métal &c. !

Cependant, Monsieur, malgré tous ces éloges, je continuerai à vous regarder comme le chef des Phyſiciens électriſants ; & ſi j'étois chargé d'écrire l'hiſtoire de l'Électricité , je ſuis bien aſſuré que vous n'auriez pas à vous plaindre de moi , & encore moins du rang que je vous y donnerois (*l*). Je diviſerois en deux claſſes tous ceux qui ont écrit ſur cette importante queſtion de Phyſique. La premiere ſeroit compoſée des *plus Anciens* , & la ſeconde des *moins Anciens*. Sous le nom de *plus Anciens* , je comprendrois Gilbert , Deſcartes , Otto de Guericke , Boyle , Fabri , Haukſbée & Gray (*m*). Pour la claſſe des *moins Anciens* , elle contiendroit tous ceux qui ont compoſé ſur l'Électricité depuis 1730 , juſques à aujourd'hui. Je mettrois Deſcartes à la tête des *plus Anciens* ; & je démontrerois que perſonne ne mérite cette diſtinction à plus juſte titre que lui. J'en viendrois enſuite aux *moins Anciens* ; & après avoir invité mes collégues à ſuivre mon exemple , je n'héſiterois pas à vous reconnoître pour notre Chef. L'on trouveroit dans l'analyſe que je ferois de vos ouvrages , les motifs ſur leſquels mon ſuffrage ſeroit fondé , & le droit inconteſtable que vous avez à un pareil honneur. Je ferois entrer dans cette analyſe l'invitation que vous fîtes autrefois (*n*) à tous les Phyſiciens de faire des ſyſtémes ſur les cauſes de l'Électricité , & l'avis que vous leur donnâtes de ne pas prendre un ton déciſif & impérieux , qui ne peut pas convenir dans une matiere auſſi problématique que celle-ci. C'eſt là en partie ce qui m'a engagé à vous prendre pour arbitre de mes nouvelles conjectures , quoiqu'oppoſées en certains points à votre maniere de penſer. Pouvois-je m'adreſſer à un juge plus équitable & plus éclairé? C'eſt avec de pareils ſentiments d'eſtime que je ſuis & que je ſerai toute ma vie , &c.

Notes pour la Huitieme Lettre.

(*a*) Otto de Guericke, Conful de Magde-bourg, s'addonna avec beaucoup de fuccès, vers le milieu du fiecle paffé, à la Phyfique expérimentale. Newton le regarde comme l'inventeur de la Machine pneumatique. Boyle ne convient pas de ce fait. Il avoue feulement que cet Auteur a fait des ex-périences qui lui ont donné les premieres idées de cette fameufe Machine. Il mourut à Hambourg en l'année 1686.

(*b*) Robert Boyle naquit à Lifmore en Ir-lande le 25 janvier 1627. On le regarde avec raifon comme le pere de la Phyfique expéri-mentale. S'il n'a pas inventé, il a du moins tellement perfectionné la Machine pneuma-tique, qu'on ne la connoit guéres plus que fous le nom de *Machine de Boyle.* Il mou-rut à Londres le 30 Decembre 1691, à l'âge de 65 ans.

(*c*) Defcartes fit paroître fon fameux Livre des *Principes* au milieu de l'année 1644. C'eft dans la 4e Partie de cet Ou-vrage, *art.* 185, qu'il s'explique ainfi fur les caufes phyfiques de l'électricité du verre. *Ex modo quo vitrum generari dictum eft, fa-cile colligitur, præter illa majufcula intervalla, per quæ globuli fecundi elementi verfus omnes partes tranfire poffunt, multas etiam rimulas oblongas inter ejus particulas reperiri, quæ cùm*

cùm fint anguftiores, quàm ut iftos globulos recipiant, foli materiæ primi elementi tranfitum
præbent : putandumque eft hanc materiam primi
elementi, omnium meatuum quos ingreditur, figuras
induere affuetam, per rimulas iftas tranfeundo,
in quafdam quafi fafciolas tenues, latas & oblongas efformari, quæ cum fimiles rimulas in
aëre circumjacente non inveniant, intrà vitrum
fe continent, vel certè ab eo non multùm eva-
gantur, & circa ejus particulas convolutæ,
motu quodam circulari, ex unis ejus rimulis
in alias fluunt. Quamvis enim materia primi
elementi fluidiffima fit, quia tamen conftat minutiis inæqualiter agitatis, ut in tertiæ partis
art. 87 & 88 explicui, rationi confentaneùm
eft ut credamus multas quidem ex maxime concitatis ejus minutiis, à vitro in aërem affiduè
migrare, aliæfque ab aëre in vitrum earum loco
reverti ; fed cum ea quæ revertuntur non fint
omnes æquè concitatæ, illas quæ minimùm habent agitationis, verfùs rimulas, quibus nulli
meatus in aëre correfpondent, expelli, atque
ibi unas aliis adhærentes, fafciolas iftas componere : quæ fafciolæ, idcirco fucceffu temporis figuras acquirunt determinatas, quas non facilè
mutare poffunt. Unde fit ut fi vitrum fatis validè
fricetur, ita ut nonnihil incalefcat, ipfæ hoc
motu foras excuffæ, per aërem quidem vicinum
fe difpergant, aliorumque etiam corporum vici-
norum meatus ingrediantur, fed quia non tam
faciles ibi vias inveniunt, ftatim ad vitrum revolvantur, & minutiora corpora, quorum meatibus funt implicita, fecum adducant. C'eft-à-

M.

dire, " de tout ce que nous avons dit jufqu'à préfent, il eſt aiſé de conclure qu'on ne fçauroit ſe difpenſer de diſtinguer dans le verre deux eſpéces de pores , les uns plus grands & les autres plus petits. Les premiers, à peu-près ronds , donnent paſſage aux glo-bules du ſecond élément ; les ſeconds, un peu oblongs. ne laiſſent paſſer que la matiere la plus ſubtile & la plus déliée. Mais comme cette matiere du premier élément, aſſezſem-blable au Protée de la fable . prend très-fa-cilement toute ſorte de figures, il eſt comme néceſſaire qu'en traverſant les pores qui lui font pratiqués dans le verre . elle ſe tranſ-forme en eſpéces de bandelettes minces , larges & oblongues. Ces bandelettes ne trouvant pas dans l'air environnant des paſ-ſages difpoſés à les recevoir, ſe tiennent dans le verre , ou ſi elles s'en éloignent tant ſoit peu, ce n'eſt que pour exercer autour des parties dont il eſt compoſé , & à la faveur des petits pores dont il eſt comme criblé, le mouvement circulaire qui leur eſt na-turel. Le premier élément eſt à la vérité très-fluide de ſa nature; mais cependant quel-que grande que ſoit ſa fluidité il eſt com-poſé de particules plus agitées les unes que les autres . comme nous l'avons expliqué dans la troiſiéme partie de cet Ouvrage, *art.* 87. & 88. Il eſt donc probable que ſes par-ticules les plus agitées paſſent continuelle-ment du verre dans l'air . tandis que d'autres reviennent de l'air dans le verre. Mais com-

me celles ci, deftinées à remplacer les premieres, n'ont pas toutes un égal degré d'a-
gitation ; celles qui ont le moins de mouvement, font chaffées vers les pores du verre
qui font le moins analogues à ceux de l'air.
C'eft là que fe joignant les unes aux autres,
elles forment des efpéces de bandelettes dont
elles confervent dans la fuite conftamment
la figure. Vient-on après cela à frotter le
verre avec affez de force pour lui communiquer un commencement de chaleur ? Ces
bandelettes forcées de quitter la place, fe
portent vers l'air & vers les corps environ-
nants ; mais n'y trouvant pas là des pores
difpofés à les recevoir, elles retournent avec
précipitation dans le verre, en emmenant
avec elles les corps légers qu'elles rencontrent fur leurs pas. „

(*d*) Nous avons deux hiftoires de l'électricité. l'une de M. du Fay, l'autre de M.
d'Alibard. La premiere parut en 1733, la fe-
feconde en 1756. Dans aucune des deux on
ne parle point de Defcartes. Cette omiffion
fut caufe que j'expofai le fyftème de ce
célébre Philofophe, d'abord à l'article *Electricité* de mon grand Dictionnaire de Phyfique, *pag.* 45, & enfuite dans mon Traité de
paix entre Defcartes & Newton, *Tom.* 1., *pag.*
261, & *Tom.* 3, *pag.* 97.

(*e*) Dans la quatrieme Partie du livre
des *Principes* Defcartes parle du verre, depuis l'article 124 jufqu'à l'article 133. Il en
vient enfuite à l'aiman auquel il confacre

ço articles. L'on trouve dans l'article 184 l'énumération des corps les plus électriques. C'eſt enfin dans l'article 185 qu'il cherche quelle peut être la cauſe de l'électricité du verre, comme nous l'avons déja remarqué à la note *r*.

(*f*) Deſcartes rangeoit dans la claſſe des corps électriques, non ſeulement le verre, mais encore l'ambre, le jayet, la cire & la réſine. *Hic autem occaſione magnetis qui trahit ferrum, aliquid addendum eſt de ſuccino, gagate, cerâ, reſinâ, vitro & ſimilibus, quæ omnia minuta corpora etiam trahunt. Part. quart. Principiorum, art.* CLXXXIV.

(*g*) Tout le monde ſçait que Deſcartes admet trois élémens Le premier eſt compoſé d'une matiere très-ſubtile ; le ſecond, d'une matiere globuleuſe ; & le troiſieme, d'une matiere irréguliere. Le premier élément donne le feu ; le ſecond, la lumiere; le troiſiéme, les corps opaques. Voyez la troiſiéme partie du livre des Principes depuis l'article 46 juſqu'à l'article 126. Nous en avons donné l'abrégé dans notre Traité de paix entre Deſcartes & Newton, *Tom. 1, pag.* 237 *& ſuivantes.*

(*h*) Reliſez la note *r* de cette Lettre.

(*i*) Dans cette même note *r* on lit d'abord que la matiere électrique ne trouve pas dans l'air environnant des pores diſpoſés à la recevoir. On lit enſuite que c'eſt là la raiſon pourquoi la matiere électrique revient dans le verre, après en avoir été chaſſée par le frottement.

(*k*) Relifez la fin de la note *c*.

(*l*) C'eft à vous que je m'addreffe, *dit M. l'Abbé Nollet à M. Franklin,* pour vous dire tout naturellement ce que je penfe fur des queftions auxquelles j'ai droit de m'intéreffer plus particulierement que bien d'autres , par le goût que j'y ai pris , & par l'application que j'y donne depuis nombre d'années : perfuadé que vous prendrez la peine de péfer mes raifons , & que vous ne chercherez pas à m'imputer d'autre motif que celui d'éclaircir la vérité.

Vous ferez peut-être furpris d'entendre ainfi parler un homme qu'on ne vous a point nommé parmi les Phyficiens électrifants de l'Europe. Si vous cherchez à pénétrer la caufe de cette omiffion qui n'eft pas fort importante , vous pouvez croire , fi vous le voulez , que l'Auteur qui a pris foin de vous en envoyer la lifte , n'ayant entrepris qu'une *Hiftoire abrégée de l'Electricité* , s'eft contenté de citer les premiers Maîtres de l'art , & qu'il m'a refervé pour le fupplément , s'il en donne un quelque jour. Quoi qu'il en foit , puifque je vous fuis tout-à-fait inconnu, je fuis comme forcé de m'annoncer moi même , & de vous dire , que ma place , fi j'en dois avoir une , eft entre M. Dufay avec qui j'ai eu l'honneur de travailler pendant plufieurs années , & les Phyficiens d'Allemagne, qui n'ont commencé à faire parler d'eux que vers l'année 1742 , & même encore plus tard en France , à caufe du peu de correfpondance qu'ils y avoient. *Lettre 2 de M. l'Abbé Nollet fur l'Electricité, pag. 25 & fuivantes.*

(*m*) Nous avons déja fait connoître Defcartes, Otto de Guericke & Boyle ; il nous refte à parler de Gilbert, Fabri, Hauksbée & Gray.

1°. Gilbert Médecin Anglois, vivoit vers l'an 1600. Voici ce que dit de lui M. Dufay dans les Mémoires de l'Académie Royale des Sciences, *année* 1733, *pag.* 23 *& fuivantes.*

Pour ne m'arrêter qu'à ceux qui ont écrit fur l'Electricité avec plus d'intelligence, ou qui y ont fait quelque découverte confidérable, & fur l'exactitude defquels on peut le plus compter, je commencerai par Gilbert, qui a ajouté au nombre des corps électriques une infinité de matieres dans lefquelles cette vertu n'avoit point été reconnue. Comme il y en a dans lefquelles elle eft très-foible, il a imaginé, pour la rendre plus fenfible, de fe fervir d'une aiguille, de quelque métal que ce foit, fufpendue fur un pivot comme une aiguille aimantée : fi l'on approche d'un des bouts de cette aiguille un corps électrique, il l'attire plus ou moins fortement fuivant la force de fon électricité. Il a reconnu par ce moyen que non-feulement l'ambre & le jayet ont cette propriété, mais qu'elle eft commune à la plupart des pierres précieufes, comme le diamant, le faphir, le rubis, l'opale, l'amethifte, l'aigue-marine, le criftal de roche ; qu'on la trouve auffi dans le verre, la belemnite, le foufre, le maftic, la gomme

lacque, la réfine cuite, l'arfenic, le fel gem-
me, le talc, l'alum de roche. Toutes ces
différentes matieres lui ont paru attirer non-
feulement la paille, mais tous les corps légers, comme le bois, les feuilles, les métaux, foit en limaille ou en feuille, les pierres & même les liqueurs, comme l'eau &
l'huile.

Il lui a femblé même qu'il y avoit des
corps qui n'étoient nullement fufceptibles
d'électricité, comme l'émeraude, l'agate,
la cornaline, le jafpe, la calcedoine, l'al-
batre, le porphyre, le corail, le marbre,
la pierre de touche, le caillou, la pierre hé-
matite, l'émeril, les os, l'ivoire, les bois les
plus durs, les métaux, l'aiman.

Il remarque que tous les corps électriques
n'ont aucune vertu, s'ils ne font frottés, &
qu'il ne fuffit pas qu'ils foient échauffés,
foit par le feu, par le foleil, ou autrement,
quand même ils feroient brulés ou mis en
fufion. Il ajoute plufieurs autres obfervations
fur le changement qu'apporte l'interpofition
de différens corps.

2°. Le P. Fabri Jéfuite, contemporain de
Defcartes, nous a laiffé une Phyfique trop
complette, pour qu'il n'ait pas tenté d'y expliquer la propriété qu'ont les corps électriques d'attirer & de repouffer les corps légers. Il nous affure au *Tome* 4, *pag.* 212 &
213, que l'ambre, la cire d'Efpagne, &
plufieurs autres corps de cette efpéce, ne
font électriques, que parce qu'ils contien-

nent, avec beaucoup de particules ignées, un fuc gras & gluant. Frottez-vous, *dit-il*, ces fortes de corps ? vous agitez le feu dont ils font comme pénétrés. Ce feu agité chaffe, en forme de trait, des filamens de ce fuc. Ces filamens n'abandonnent pas entierement le corps électrifé ; leur vifcofité naturelle les y tient attachés par une de leurs extrêmités. Atténués & tendus, ils fe rompent par l'ordinaire vers le milieu ; c'eft alors qu'un de leurs fegmens fe replie comme néceffairement vers le corps électrifé, & emporte avec lui tous les corps légers qu'il trouve fur fon chemin, tels que font le tabac en poudre, les pailles, les petites feuilles de métal &c. Un fecond filament, ou le même tendu une feconde fois, ramenera avec lui ces mêmes corps ; donc tout corps électrifé doit tantôt attirer & tantôt repouffer les corps légers qu'on lui préfente.

Pour trouver ce fyftéme fupportable, il faut fe rappeller qu'il y a plus de 100 ans qu'il a été mis au jour.

3°. Hauksbée fit imprimer à Londres en l'année 1709 un ouvrage dans lequel il raffembla fes principales découvertes fur l'électricité. C'eft là qu'il nous apprend qu'un tuyau de verre long d'environ 30 pouces, gros d'un pouce, ou un pouce & demi, & bouché par l'une de fes extrêmités, étant frotté avec la main, du papier, de la laine, de la toile &c. devenoit fi fort électrique, qu'il attiroit, à un pied de diftance, des feuilles de métal ; qu'enfuite il les repouffoit.

avec.

avec force, & leur donnoit en tous sens divers mouvemens très-singuliers. Il nous apprend encore que les effets de l'électricité n'ont jamais été plus considérables, que lorsque l'air a été pur & serein : que cette vertu étoit presque entierement détruite, lorsque le tube de verre étoit vuide d'air : qu'elle se rétablissoit, lorsqu'on l'y laissoit rentrer : que lorsque le tuyau étoit frotté, & qu'on en approchoit les doigts, ou quelqu'autre corps, sans le toucher, on entendoit un petillement dans la surface du tuyau ; & que si on le mettoit proche le visage, on sentoit comme une espéce de voile délié, ou de toile d'araignée qui venoit frapper la peau. Hauksbée ajoute que lorsqu'on frottoit le tuyau dans l'obscurité, on en voyoit sortir une lumiere considérable ; & que cette lumiere demeuroit en dedans du tube, lorsqu'il étoit vuide d'air.

Mais l'expérience suivante est sans contredit la plus frappante de toutes ; aussi a-t-elle retenu le nom d'expérience d'Hauksbée. Ce grand Physicien nous raconte qu'ayant pris un globe de verre, il le mit en état de tourner sur son axe par le moyen d'une grande roue, à peu-près comme nous faisons aujourd'hui avec nos machines électriques. Il fit ensuite un demi cercle de fer qui entouroit le globe, à environ un pied de distance de sa surface. Il attacha à ce demi cercle des fils de laine qui n'étoient pas tout-à-fait assez longs pour atteindre la surface du vaisseau. Il frotta ce globe avec la main, dans le tems qu'il tour-

noit rapidement fur fon axe ; & alors les fils
qui auparavant pendoient librement, étoient
attirés tous enfemble par la furface du vaiffeau fphérique , & fembloient tendre vers
fon centre , lorfque le frottement avoit été
fait fur l'équateur du globe : au contraire s'il
avoit été fait vers un des poles , le point de
tendance fe trouvoit dans l'axe , mais plus
proche de ce pole que de l'autre. La direction
de ces fils étoit dérangée , lorfqu'on approchoit de leur extrêmité le doigt , ou quelqu'autre corps ; & ils en étoient attirés ou
repouffés fenfiblement.

Hauksbée ayant introduit dans ce même
globe un axe garni dans fon milieu d'un cylindre de bois ou de liége , à la furface duquel étoient attachés de pareils fils , un peu
trop courts pour atteindre la furface inté-
rieure du globe ; ces fils s'écartoient en rayons,
lorfque par la rotation du globe , & la main
appliquée deffus , on avoit excité fa vertu
électrique : ainfi ces fils tendoient alors du
centre à la circonférence , au lieu que dans
l'expérience précédente , lorfqu'ils étoient
placés au dehors du vaiffeau , ils paroiffoient
tendre de la circonférence vers fon centre.
On troubloit de même cette direction , & on
la dérangeoit , lorfqu'on approcho t le doigt
de la furface extérieure du globe , fans cependant la toucher. Le même dérangement
étoit caufé , en foufflant fimplement avec la
bouche , à la diftance de deux ou trois pieds
du globe. *Mémoires de l'Académie des Sciences , année* 1733 , *pag.* 28 *& fuivantes.*

4°. M. Gray, Phyſicien anglois, ſe déter-
mina en 1720 à faire part à la Société Royale
de Londres de ſes découvertes en fait d'électricité. Elles ſont ſans nombre. Voici celles
qui me paroiſſent les plus frappantes. Par le
moyen d'un tube de verre de trois pieds de
long, & d'un peu plus d'un pouce de diamétre, M. Gray tranſmit l'électricité, d'abord
à 32, enſuite à 52, & enfin à 886 pieds de
diſtance.

Il ſuſpendit un enfant de huit à dix ans ſur
des cordons de ſoye dans une ſituation à peu-
près horizontale ; & ayant mis le tube de
verre proche des pieds de l'enfant, il s'ap-
perçut que ſa tête, ſes cheveux, ſon viſage
devenoient électriques : la même choſe arrivoit aux pieds, lorſqu'il mettoit le tube près
de la tête.

Le même Phyſicien remarqua que les corps
de même nature & de même eſpéce étoient
diverſement ſuſceptibles d'électricité, relati-
vement à leur couleur ; enſorte que le rouge,
l'orangé & le jaune attiroient trois ou quatre
fois plus fortement que le verd, le bleu &
le poupre. *Mémoire de l'Académie des Sciences, année 1733, pag. 31 & ſuivantes.*

(n) Si j'ai à vous parler de vos ſyſtémes
& de vos conjectures, *dit M. l'Abbé Nollet à
M. Franklin*, ce ne ſera pas pour trouver à
redire que vous en ayez faits : je penſe que
cela eſt très permis & même utile en Phyſique, pourvu qu'on en uſe ſobrement, &
qu'on les donne, comme vous faites, pour

ce qu'ils font : je ne les défaprouve , que quand on y met un ton décifif & impérieux, qui ne peut convenir tout au plus que pour les réalités les mieux prouvées & les plus évidentes : je trouve qu'il y a bien, de l'inconféquence à citer , comme on le fait, l'exemple de Newton & des Phyficiens qui fe piquent le plus de fuivre la méthode de ce grand homme , pour nous ôter l'envie que nous pourrions avoir de rifquer quelques hypothéfes , à moins qu'on ne leur en accorde le privilége excluſif. *Seconde Lettre de M. l'Abbé Nollet fur l'Electricité , pag.* 37.

NEUVIEME LETTRE.

Identité de la matiere électrique & de celle du tonnerre, prévue par M. l'Abbé Nollet, & prouvée par M. Franklin. Nouveau systéme sur le tonnerre. Explication des phénoménes de ce météore dans ce nouveau systéme. Application de cette théorie aux tremblements de terre.

L'EXPÉRIENCE de Marly-la-Ville (*a*), Monsieur, fait encore plus d'honneur à M. Franklin, que l'expérience de Leyde n'en a fait à M. Muschembroek. Celle-ci n'a été dans le fond que l'effet du hazard (*b*); celle-là au contraire a été le fruit d'un Génie créateur, né pour enrichir la Physique des plus heureuses & des plus utiles découvertes. M. Franklin, bien persuadé de l'identité de la matiere électrique & de celle du tonnerre, invita tous les Physiciens (*c*) à dres-

N 3

fer fur les toîts d'un édifice élevé, une tige de fer, ifolée fur un fupport de réfine ou de verre ; & il leur prédit qu'ils en tireroient des bluettes très-fenfibles, lorfque le nuage qui porte le tonnerre auroit paffé par deffus. M. d'Alibard, l'un des plus célébres partifants de M. Franklin, dreffa fon appareil au milieu d'une belle plaine, à Marly-la-Ville ; & le 10 Mai 1752, entre deux & trois heures après midi, l'expérience réuffit avec toutes les circonftances énoncées par celui qui en avoit donné les premieres idées (*d*). Ce fait mémorable, qui doit fervir d'époque dans l'hiftoire de l'Électricité, a été répété par tous les Phyfi-ciens électrifants. Nous avons tous fait dreffer des appareils, plus ou moins femblables à celui de Marly-la-Ville (*e*) ; & il eft maintenant bien décidé que la matiere du ton-nerre eft précifément & abfolument la même que celle de l'Électricité.

Perfonne, Monfieur, ne doit être

plus porté que vous à foutenir une pareille affertion. Long-tems avant que
M. Franklin nous fît part de fes conjectures fur les caufes du tonnerre,
vous vous déterminates à traiter tout
ce qui a rapport à ce terrible météore
dans vos Leçons de Phyfique expérimentale. Après avoir expliqué ce point
de Phyfique avec cette élégance ,
cette clarté & cette aménité qui vous
font propres (f) ; & tandis que nous
ne penfions qu'à donner à vos explications tous les éloges qu'elles méri-
toient, vous parutes tout-à-coup comme mécontent de vous-même : vous
nous avertites qu'on pourroit vous reprocher d'avoir jetté plus d'incertitu-
des , que d'inftructions dans l'efprit
de vos Lecteurs ; & vous nous invita-
tes à chercher une véritable analogie
entre le tonnerre & l'électricité. Ce
trait de génie vous caractérife trop
bien, pour ne pas m'empreffer de vous
le remettre fous les yeux. Voici comment vous vous exprimez au Tome 4

de vos Leçons de Phyſique, pag. 314
& 315 , imprimé en l'année 1748.
Si quelqu'un , par exemple , entrepre-
noit de prouver par une comparaiſon
bien ſuivie des phénoménes , que le
tonnerre eſt entre les mains de la nature ce que l'électricité eſt entre les
nôtres ; que ces merveilles dont nous
diſpoſons maintenant à notre gré, ſont
de petites imitations de ces grands
effets qui nous effrayent , & que tout
dépend du même méchaniſme : ſi l'on
faiſoit voir qu'une nuée préparée par
l'action des vents, par la chaleur, par
le mélange des exhalaiſons , &c. eſt
vis-à-vis d'un objet terreſtre, ce qu'eſt
le corps électriſé , en préſence & à une
certaine proximité de celui qui ne l'eſt
pas ; j'avoue que cette idée, ſi elle étoit
bien ſoutenue , me plairoit beaucoup ;
& pour la ſoutenir , combien de raiſons ſpécieuſes ne ſe préſentent pas à
un homme qui eſt au fait de l'électricité? L'univerſalité de la matiere électrique , la promptitude de ſon action ,

son inflammabilité & son activité à enflammer d'autres matieres ; la propriété qu'elle a de frapper les corps extérieurement & intérieurement jusques dans leurs moindres parties ; l'exemple singulier que nous avons de cet effet dans l'expérience de Leyde ; l'idée qu'on peut légitimement s'en faire, en supposant un plus grand degré de vertu électrique, &c. Tous ces points d'analogie que je médite depuis quelque tems, commencent à me faire croire qu'on pourroit, en prenant l'électricité pour modéle, se former touchant le tonnerre & les éclairs, des idées plus saines & plus vraisemblables que tout ce qu'on a imaginé jusqu'à présent.

Je ne vous cacherai pas, Monsieur, qu'après ce magnifique début, & sur-tout après le succès de l'expérience de Marly-la-Ville, je m'attendois à trouver dans quelqu'un de vos Ouvrages, l'exposition d'un nouveau systéme sur les causes du tonnerre, auquel vous avez donné le nom d'*Elec*-

tricité naturelle (*g*). J'ai été un peu
furpris , lorfque , dix - huit ans
après , vous nous avez dit , au commencement de votre vingtieme Leçon , que vous ne parleriez que par
occafion de cette efpéce d'électricité ,
& feulement quand vous y feriez invité par des phénoménes qui pourroient y avoir quelque rapport. Vous
ne nous avez que trop tenu parole ;
& tout ce que vous avancez de plus
pofitif fur cette matiere , c'eft que
vous imaginez (*Tom. 6 des Leçons de
Phyfique , pag.* 235) que l'électricité
naturelle peut s'exciter dans notre
athmofphére par le frottement de deux
courans d'air qui gliffent l'un fur l'autre avec des directions oppofées , ce
qui arrive ordinairement dans les tems
orageux ; & que cette vertu fe communiquant aux nuages , les met en
état d'étinceller & de fulminer contre
les objets terreftres , quand ils en font
à une certaine proximité.

Je fuis fincerement faché , Monfieur, que vous n'ayez pas tenté de nous expliquer les principaux phéno-ménes de l'*Electricité naturelle* par le moyen des Principes établis dans vo-tre fyftéme fur l'*Electricité artificielle.* J'avoue que je ne vois pas comment votre *fimultanéité d'effluence & d'af-fluence*, vous tireroit d'affaire en cent occafions délicates ; lorfqu'il s'agiroit, *par exemple*, de nous faire fentir pourquoi tel nuage eft électrique, & tel autre eft dépourvu d'électricité ; pourquoi de tel nuage il fort des éclairs, & de tel autre il n'en fort aucun ; pour-quoi tel nuage éclate en foudres & en carreaux, & tel autre nous donne la pluye la plus abondante & la plus falutaire, &c. &c. Pour moi, je fuis de ce côté là dans la plus parfaite tranquillité ; & mes *électricités totales & partielles*, mes *athmofphéres denfes & rares* me fourniffent les explications les plus naturelles de tous ces phénomé-nes effrayants. J'efpére vous en con-vaincre, lorfque je vous aurai expofé

mes conjectures nouvelles fur les caufes phyfiques du tonnerre. Les voici
en peu de mots.

1°. La matiere propre, & s'il m'eft
permis de parler ainfi, l'*ame* du tonnerre, n'eft autre chofe que le feu
électrique. L'expérience de Marly-la-
Ville en eft une preuve des plus convaincantes.

2°. Le feu électrique eft répandu
dans toute l'athmofphére terreftre; &
il ne fe rend jamais plus fenfible, que
lorfqu'il fe joint à des parties inflammables qu'il trouve raffemblées & bien
préparées. Il eft en cela même femblable au feu élémentaire qui ne produit jamais un plus grand embrafe-
ment, que lorfqu'il agit fur un bois
bien fec & bien difpofé.

3°. Il s'éléve du fein de la terre
dans la région où fe forme le tonnerre, une grande quantité d'exhalaifons nitreufes, huileufes, fulphureufes & bitumineufes; ce font ces
exhalaifons que je regarde comme les

aliments du feu électrique. Que de pareilles exhalaifons s'élévent du fein de la terre dans la région où fe forme le tonnerre, je ne crois pas que l'on puiffe le révoquer en doute; les tonnerres ne font jamais plus fréquents, que dans les pays où la terre produit beaucoup d'exhalaifons de cette efpéce; & dans les endrois où le tonnerre eft tombé, l'on fent toujours une odeur de foufre & de bitume.

4°. Les nuages font des corps en partie électrifables *par frottement*, & en partie électrifables *par communication*. En effet les nuages contiennent des particules aqueufes, & des particules fulphureufes, bitumineufes, &c. L'eau s'électrife *par communication* : le foufre & le bitume ne s'électrifent que *par frottement*. Donc les nuages font des corps en partie électrifables *par frottement*, & en partie électrifables *par communication*.

5°. Parmi les nuages les uns font *totalement* électriques, les autres ne

font électriques qu'*à demi* , les autres
enfin n'ont aucune efpéce d'électricité actuelle. Les premiers contiennent des particules fulphureufes &
bitumineufes qui fe trouvent dans l'é-
tat actuel d'électricité. Les feconds
font peu éloignés des premiers. Les
troifiemes en font très-éloignés.

C'eft ici fans doute , Monfieur ,
que vous me demanderez par quel
mécanifme les particules fulphureufes
& bitumineufes reçoivent les frottements néceffaires , pour paffer de
l'état de *non électricité* à celui d'*électricité*. J'aurai l'honneur de vous répondre qu'on ne peut faire là deffus
que de pures conjectures ; & après cet
aveu modefte , je vous dirai qu'il arrive très-fouvent que des particules
fulphureufes & bitumineufes font élevées par l'action du foleil dans l'athmofphére terreftre , dans un tems où
régnent des vents contraires. Ces
vents portent ces particules , encore
chaudes , les unes contre les autres ; &

ces différents chocs produiſent le même effet que produit le frottement ſur un globe de verre ou de cire d'Eſpagne.

6º. Les nuages *totalement* électriques ſont entourés d'une athmoſphére électrique *denſe ;* les nuages *à demi* électriques ſont entourés d'une athmoſphére électrique *rare ;* & les nuages qui n'ont aucune eſpéce d'électricité, ſont privés de toute athmoſphére électrique.

7º. L'athmoſphére électrique *rare* ne vient aux nuages *à demi* électriques, que parce qu'ils ſe trouvent dans le voiſinage des nuages *totalement* électriques.

8º. Les ſeuls nuages *totalement* électriques ſont ceux qui portent le tonnerre dans leur ſein. Et comme un nuage n'eſt *totalement* électrique, que lorſqu'il contient beaucoup de particules ſulphureuſes & bitumineuſes qui ſe trouvent dans l'état actuel d'électricité, c'eſt-à-dire, lorſqu'il contient des particules qui ſe ſont élevées dans l'athmofphére terreftre, dans un tems où des vents contraires regnoient, n'avons-nous pas raifon de conclure qu'il y a plus de nuages fans tonnerre, qu'il n'y en a qui renferment ce terrible météore dans leur fein ?

Voilà, Monfieur, le fyftéme que vous & M. Franklin (*h*) m'avez donné occafion de faire fur les caufes phyfiques du Tonnerre. Je comprens qu'il ne fera pas du goût de ceux qui rejettent mon fyftéme général fur l'Électricité ; mais je comprens auffi que s'il a quelque degré de bonté, il rendra par là même probable tout ce que j'ai dit dans la feconde & la troifieme Lettre de ce Recueil. Tout ce que je vous demande, c'eft, avant de prononcer pour ou contre, d'examiner avec attention les explications fuivantes ; il me paroit qu'elles ne contiennent rien de forcé, rien même qui ne foit naturel.

Et d'abord dans ce fyftéme la formation

mation des éclairs se présente comme d'elle-même ; ce sont plusieurs grosses bluettes que donne le nuage électrisé. En effet est-il possible que les vents contraires portent un nuage *à demi* électrique contre un nuage *totalement* électrique , sans que l'athmosphére dense de celui-ci envoye de sa matiere à l'athmosphére rare de celui-là ? Et est-il possible que cela arrive , sans qu'il y ait mélange , choc & inflammation d'un nombre innombrable de particules inflammables ? Donc dans ce systéme la formation des éclairs se présente comme d'elle-même.

L'explication physique du bruit qui les accompagne , nous coute encore moins à trouver. L'inflammation dont il s'agit , dilate l'air qui se trouve entre les deux nuages. Cet air dilaté est assez élastique pour se remettre à l'instant dans son premier état ; & c'est en s'y remettant , qu'il cause ces bruits effroyables qui jettent la consternation dans l'ame même des plus intrépides.

O

Voulez-vous , Monfieur , que le nuage qui porte le tonnerre éclate en foudres & en carreaux. Suppofez les vents contraires affez forts , pour lancer avec violence le nuage *à demi* électrique contre le nuage *totalement* électrique ; l'un & l'autre fe briferont en des millions de piéces ; & tandis que le premier donnera la pluye la plus abondante , le foufre & le bitume enflammés fortiront avec impétuofité du fein du fecond. Les effets de ces exhalaifons embrafées font pour l'ordinaire des plus terribles , & alors on les explique très-facilement. Il n'en eft pas ainfi, lorfqu'ils font bizares ; & nous n'étions pas autrefois dans un petit embarras , lorfqu'on nous demandoit pourquoi certains tonnerres avoient fondu la lame d'une épée , fans en endommager le fourreau ; & pourquoi certains autres avoient brulé le fourreau , fans diffoudre l'épée. Le fyftéme que je viens de vous expofer , nous dévoile tout ce

qu'il y a de caché dans ce mécanifme.
Le feu électrique eft-il joint à des exhalaifons fort légéres ? il n'agira que
contre les corps qui n'auront pas des
pores affez ouverts pour lui donner un
libre paffage ; il fondra donc la lame
d'une épée , fans en endommager le
fourreau. Le feu électrique au contraire a-t-il pour aliment une exhalai-
fon plus groffiere ? fon action ne fe
portera que contre les corps dont les
pores font affez grands & affez éva-
fés ; elle fera nulle vis-à-vis ceux dont
les pores font refferrés ; ce fera donc
le fourreau qui dans cette occafion
fera le feul endommagé.

Il fuit enfin de mon fyftéme , que
nous devons avoir quelquefois des
éclairs fans tonnerres , & quelquefois
des tonnerres fans éclairs. En effet le
choc d'un nuage *à demi* électrique,
contre un nuage *totalement* électrique
n'eft-il pas affez fort pour brifer l'un
& l'autre en des millions de parties ?
Nous avons alors néceffairement des

éclairs sans tonnerres. Cette rupture au contraire se fait-elle , & se trouve-t-il entre notre œil & les nuages brisés , quelque autre nuage capable d'absorber la lumiere que donnent les bluettes électriques ? Il est impossible que nous n'ayons pas alors des tonnerres sans éclairs.

Vous voyez, Monsieur, avec quelle facilité les explications des phénomenes se déduisent de mes *électricités totales & partielles* , de même que de mes *athmosphéres denses & rares*. Seroit-il possible que de faux principes conduisissent à des résultats si conformes à ce qui se passe tous les jours sous nos yeux ? je ne sçaurois me l'imaginer.

Pour donner à cette importante dissertation toute l'étendue dont elle est susceptible , il me paroit nécessaire d'établir que l'Électricité n'est pas moins la cause des tremblemens de terre , ou des tonnerres terrestres , comme parle Pline le naturaliste (*i*).

qu'elle eft la caufe des tonnerres ordinaires ou céleftes. Ce fut une penfée
qui me vint autrefois, en lifant la
relation du dernier tremblement de
terre qui mit Lisbonne à deux doigts
de fa perte (*k*); & cette penfée m'oc-
cupa fi fortement, que quelques fe-
maines après le renverfement d'une
partie de la capitale du Portugal, je
fus en état d'affurer, fur des preuves
affez convaincantes, qu'on n'expli-
queroit jamais d'une maniere phyfique tous les effets des tremblemens de
terre, fans avoir recours à l'Electricité (*l*). Voici donc comment je
crois devoir expliquer ces terribles
phénoménes.

Repréfentez-vous, Monfieur, un
Pays dans l'intérieur duquel foient
creufées des cavités immenfes. Suppofez, au fond de ces cavités, des tas
énormes de foufre & de bitume bien
préparés, c'eft-à-dire, en état de recevoir par un frottement équivalent
(*m*) une très-forte électricité. Allu-

mez dans ces mêmes cavités, par le
moyen de la matiere électrique que
le mouvement de la terre (n), joint
à tant de caufes accidentelles & paffa-
geres qui fe trouvent dans le fein de
notre globe (o), eft capable d'agiter d'une maniere très-violente ; allu-
mez, dis-je, des feux effroyables,
dont le foufre, le bitume & plufieurs
autres corps électriques par eux-mêmes, feront l'aliment ordinaire. Placez par deffus ces feux, des réfervoirs
fpacieux dans lefquels foit renfermée
une grande quantité d'eau ou de vapeurs ; & rempliffez d'air tout l'efpace
libre qu'il peut y avoir jufqu'à la fuperficie concave de ces cavernes fouterraines : il eft évident que ces réfervoirs intérieurs feront comme autant
de chaudieres auxquelles les feux fou-
terrains ferviront de fournaifes. Cela
fuppofé, voici comment je raifonne :
L'eau & l'air échauffés par des feux
très-violents, doivent néceffairement
fe raréfier ; ces deux éléments raréfiés

employent toutes leurs forces pour pouvoir occuper un plus grand espace ; leurs forces , proportionnées à celles du feu qui les dilate , & du ressort dont ils sont doués , sont inexprimables ; ils employent donc des forces inexprimables pour se faire une issue & pour sortir de leurs antres ; est-il étonnant que la Terre tremble, qu'elle s'entr'ouvre , & qu'elle vomisse de son sein , des feux & des flammes dévorantes ? Telles sont vraisemblablement les causes physiques des tremblemens de terre ; vous voyez , Monsieur, que l'Électricité n'y joue pas un des moindres rôles. Ce qui m'attache à ce systéme , c'est que l'explication des effets ordinaires des grands tremblements de terre , s'y présente comme d'elle-même.

Et d'abord les matieres sulphureuses & bitumineuses enflammées doivent , en sortant du sein de la terre , exciter une flamme très-vive & très-brillante ; aussi les grandes secousses

ont-elles été plus d'une fois accompa-
gnées ou fuivies de tourbillons de feu
& de fumée (*p*).

Ces mêmes feux , joints aux vapeurs & aux exhalaifons qui s'écha-
pent avec violence par les ouvertures
qu'elles fe font pratiquées , doivent
fortement comprimer l'air extérieur ;
l'air extérieur comprimé doit , par fon
reffort , fe remettre dans fon premier
état , & c'eft en s'y remettant , qu'il
caufe ces bruits effroyables qui font
un effet néceffaire des grands tremblements de terre. Quelquefois même ,
avant que la terre s'ouvre , l'on en-
tend un bruit femblable à un véritable mugiffement ; je l'attribuerois volontiers à l'air dilaté qui fait une infinité de tours & de retours , avant que
de fortir de la terre par des ouvertures affez peu confidérables qu'il trouve
pratiquées fur fa furface. Ce qui m'engage à faire cette conjecture , c'eft
que le fon de l'inftrument de mufique
que l'on nomme le *ferpent* , ne diffère
guéres

gueres du mugiffement des animaux,
parce que l'air n'en fort qu'après avoir
fait une infinité de tours & de retours.

Après cela fera-t-on étonné que
les grandes fecouffes renverfen t les
plus grands édifices ? Ne voit-on pas
qu'il doit y avoir un inftant où ces
lourdes maffes, après avoir penché
tantôt d'un côté & tantôt d'un autre,
ont leur ligne de direction hors de leur
bafe, & qu'alors leur chute devient
inévitable ?

Enfin fi les maladies épidémiques
ont fuccédé quelquefois aux grands
tremblements de terre, c'eft qu'il eft
forti du fein de notre globe entr'ouvert,
des exhalaifons fulphureufes & bitumineufes qui ont infecté affez au loin
l'air de notre athmofphére (*q*).

C'eft ici, Monfieur, où vous ne
manqueriez pas de me faire remarquer
que toutes ces explications font communes à tous les fyftémes de Phyfique
que l'on a trouvés jufqu'à aujourd'hui,
& qu'en particulier le rolle que je fais

P

jouer à la matiere électrique eſt aſſez vague , pour s'accorder avec les différentes hypothéſes ſur l'Électricité que j'ai expoſées dans mes Lettres précédentes. C'eſt donc pour prévenir une objection auſſi raiſonnable, que je vais faire uſage de mes *électricités totales & partielles* , de même que de mes *athmoſphéres denſes & rares*. Je ne veux pas qu'on puiſſe me reprocher leur inaction dans une occaſion auſſi importante que celle-ci; & il n'eſt que trop vrai que je n'en ai pas fait une mention expreſſe & explicite dans l'explication que je viens de donner des tremblements de terre. Il s'agit donc , & c'eſt ici le point eſſentiel , d'exciter méchaniquement l'étincelle qui a mis le feu au ſoufre & au bitume renfermés dans les cavernes ſouterraines , & devenus électriques par un frottement équivalent (*r*). Le voici en deux mots.

Le ſoufre & le bitume ne peuvent pas être dans l'état actuel d'électri-

cité , fans rendre *totalement électri-*
ques les métaux avec lefquels ils font
mêlés , les pierres & la terre dont ils
font couverts , &c. , & fans rendre
à demi électriques les métaux , les
pierres & la terre qui fe trouvent aux
environs ; parce que dans le premier
cas les métaux , les pierres & la terre
font ifolés , & que dans le fecond ils
ne le font pas. Lors donc qu'une caufe
quelconque , telle qu'il s'en trouve de
milliers dans le fein de notre globe ,
portera une terre *à demi électrique*
contre une terre *totalement électrique* ,
il s'excitera néceffairement une étincelle ; en faudra-t-il davantage pour
enflammer un tas de foufre & de bitume bien difpofé ? Mais en voilà affez
fur une matiere que je dois bientôt
préfenter fous un nouveau point de
vûe. Sans cela ma Lettre , quelque
longue qu'elle foit en elle-même , pa-
roîtroit bien courte à ceux qui font
au fait de la Phyfique. Je la finis en
vous réiterant que je ferois inconfola-

ble fi , dans le feu de la difpute, il m'étoit échapé quelque terme qui vous déplût. Je puis vous affurer qu'il n'eft perfonne au monde qui foit avec plus d'attachement , plus d'eftime & plus de refpect , &c.

Notes pour la neuvieme Lettre.

(*a*) L'expérience qui nous a appris que le nuage qui porte le tonnerre, électrife une tige de fer ifolée , avec encore plus de force que le globe de nos machines électriques ordinaires n'électrife le conducteur, s'appelle l'*expérience de Marly-la-Ville*, parce que c'eft l'endroit où elle a été faite pour la premiere fois. La tige dont on fe fervit , étoit ronde. Elle avoit un pouce de diamètre , quarante pieds de longueur , & elle étoit fort pointue par fon extrêmité fupérieure. On la fit brunir , pour la préferver de la rouille ; & on la dreffa au milieu d'une belle plaine de Marly - la - Ville , dont le fol eft fort élevé. Le bout inférieur de la barre de fer étoit folidement appuyé fur le milieu du tabouret électrique , où l'on avoit fait creufer un trou propre à le recevoir. Ce tabouret au refte confiftoit en une planche quarrée foutenue par des fupports de verre.

(*b*) Relifez la note *b* de la cinquieme Lettre de ce Recueil, *num.* 1. *pag.* 75.

(*6*) Pour décider fi les nuages qui contiennent la foudre , font électrifés ou non , j'ai imaginé , *dit M. Franklin* , de propofer une expérience à tenter en un lieu convenable à cet effet. Sur le fommet d'une haute tour ou d'un clocher, placez une efpéce de guérite , affez grande pour contenir un homme & un tabouret électrique. Du milieu du tabouret élevez une verge de fer, qui paffe en fe courbant hors de la porte , & de là fe reléve perpendiculairement à la hauteur de 20 ou 30 pieds, & fe termine en une pointe fort aigue. Si le tabouret électrique eft propre & fec , un homme qui y fera placé , lorfque des nuages électrifés y pafferont un peu bas , peut être électrifé , & donner des étincelles , la verge de fer lui attirant le feu du nuage. S'il y avoit quelque danger à craindre pour l'homme (quoique je fois perfuadé qu'il n'y en a aucun) qu'il fe place fur le plancher de la guérite , & que de tems en tems il tire des étincelles de la barre de fer. *Ouvrage de M. Franklin fur l'Electricité , traduit de l'Anglois par M. d'Alibard , Tom. 2 , pag. 45 & fuiv.*

(*d*) Voici la lettre de M. le Prieur de Marly à M. d'Alibard ; elle eft dattée du 10 de Mai 1752. *Je vous annonce , Monfieur , ce que vous attendez. L'expérience eft compléte. Aujourd'hui à deux heures 20 minutes après midi , le tonnerre a grondé directement fur Marly ; le coup a été affez fort ..... Je fuis allé chez Coiffier , qui déja m'avoit dépéché un enfant que j'ai rencontré en chemin , pour me prier de venir ; j'ai doublé le pas à travers un torrent de grêle. Arrivé à l'endroit où est la tringle coudée, j'ai présenté le fil d'archal ..... il est sorti de la tringle une petite colonne de feu bleuâtre sentant le soufre, qui venoit frapper avec une extrême vivacité le tenon du fil d'archal, & occasionnoit un bruit semblable à celui qu'on feroit en frappant sur la tringle avec une clef. J'ai répété l'expérience au moins six fois dans l'espace d'environ quatre minutes en présence de plusieurs personnes, & chaque expérience que j'ai faite a duré l'espace d'un* Pater *& d'un* Ave..... *J'étois si occupé, dans le moment de l'expérience, de ce que je voyois, qu'ayant été frappé au bras au dessus du coude, je ne puis dire si c'est en touchant au fil d'archal ou à la tringle, je ne me suis pas plaint du mal que m'avoit fait le coup dans le moment que je l'ai reçu; mais comme la douleur continuoit, de retour chez moi j'ai découvert mon bras en présence de Coiffier, & nous avons apperçu une meurtrissure tournante autour du bras, semblable à celle que feroit un coup de fil-d'archal, si j'en avois été frappé à nud. En revenant de chez Coiffier j'ai rencontré M. le Vicaire, M. de Milly & le Maître d'école, à qui j'ai rapporté ce qui venoit d'arriver; ils se sont plaint tous les trois qu'ils sentoient une odeur de soufre qui les frappoit d'avantage, à mesure qu'ils approchoient de moi; j'ai porté chez moi la même odeur, & mes domestiques s'en sont apperçu, sans que je leur aie rien dit.* Même Ouvrage, & même Tome, pag. 111 & suivantes.

(*e*) L'appareil le plus simple & le plus

commode que l'on puisse dresser, est celui-ci: Choisissez une chambre qui soit au dernier étage de la maison, & qui n'ait d'autre plancher que le toît de l'édifice. Faites à ce plancher un trou circulaire, proportionné au tuyau de verre dont vous devez le garnir. La longueur du tuyau n'est pas déterminée ; tout ce qu'on doit desirer, c'est qu'il empêche toute communication de la tige de fer avec le toît de la maison. Faites passer par le trou que vous avez pratiqué au plancher, une tige de fer, dont l'extrêmité supérieure s'éléve de quelques pieds au dessus du toît, & dont l'extrêmité inférieure soit fixée dans la résine ou dans le verre. Bruniffez, ou dorez la partie extérieure de la tige de fer, pour prévenir la rouille qui ne manqueroit pas de s'y mettre ; & empêchez que le tuyau de verre ne reçoive la pluye, en le garnissant d'un pavillon de fer blanc : vous aurez la machine que demande M. Franklin, pour disposer à votre gré de l'électricité du tonnerre. Vous pourez, par le moyen de votre tige, & du conducteur que vous lui adapterez, faire toutes les expériences de l'électricité naturelle, & les comparer avec celles de l'électricité artificielle, en mettant dans cette même chambre une bonne machine électrique.

(*f*) Qu'est-ce que cette lumiere vive & subite qui s'élance d'un nuage entr'ouvert, & qu'on nomme *Eclair* ? Quelle est la cause de ce bruit terrible que nous entendons au dessus de nos têtes, qui éclate de mille manieres

différentes , & qu'on appelle *Tonnerre* ? Enfin
qu'eft-ce que cette matiere que nous appellons *Foudre* ou *Carreau* qui renverfe en un
clin d'œil les édifices les plus folides , qui
brule & qui fond les corps les plus durs , &
dont les effets tiennent du prodige , non-feulement par leur grandeur , mais encore plus
par leur fingularité.

Pour expliquer ces phénoménes , M. l'Abbé
Nollet a recours à un mélange d'exhalaifons
capables de s'enflammer , en fermentant, ou
par le choc & la preffion des nuées que les
vents agitent & pouffent violemment les unes
contre les autres.

Cet habile Phyficien fent mieux que perfonne l'infuffifance d'une pareille caufe. Auffi
termine-t-il cet article par ces paroles remar-
quables : Après tout ce que je viens de dire
fur les météores enflammés , ne me repro-
chera-t-on pas d'avoir jetté plus d'incertitu-
des que d'inftructions dans l'efprit de mon
Lecteur ? J'ai cependant compté l'inftruire ,
en lui montrant les endroits foibles du fyftéme que j'expofois , afin que s'il n'en eft pas
plus content que je le fuis , il fufpende fon jugement comme je fufpens le mien , & qu'il
fe tienne toujours prêt à examiner fans pré-
vention tout ce qu'on pourra effayer de dire
par la fuite fur le même fujet. *Tom.* 4 *des Leçons de Phyfique expérimentale , pag.* 302 *&
fuivantes.*

(*g*) Oui , je ne crains pas de le dire . les
pointes de fer électrifées en plein air dans

les tems d'orage , & toutes les épreuves de
ce genre qui ont été faites depuis , & qui
se font encore tous les jours, nous montrent
incontestablement que le tonnere est un phénoméne électrique ; que la matiere de ce
météore est la même que nous voyons briller
autour de nos tubes, de nos globes , de nos
barres de fer ; & que tous les jeux philoso-
phiques dont nous nous occupons depuis tant
d'années dans nos cabinets , sont de petites
imitations , ou plutôt des portions de ces
feux redoutables qui enflamment l'athmosphére, & des foudres qui menacent nos têtes. Il faudra donc doresnavant distinguer
deux sortes d'électricité, eu égard aux différentes manieres dont cette vertu peut naître : on appellera *Electricité artificielle* celle
que nous avons connue jusqu'ici, & que nous
excitons par le frottement ; il faudra nom-
mer *Electricité naturelle* ou *Electricité météore*
celle que nous venons de découvrir, qui naît
sans aucun effort humain, & qui regne en
certains tems dans l'air. *Lettre septiéme de
M. l'Abbé Nollet sur l'électricité , pag.* 158
& 159.

(*h*) M. Franklin propose son nouveau
systéme sur les causes du tonnerre dans les
42 premieres pages du Tome 2 de son ouvrage. En voici les points principaux ; on
verra par-là combien grande est la différence
qui se trouve entre son systéme & le nôtre
sur le même sujet.

1. L'océan est un composé d'eau , corps

non électrique , & de fel, corps originai-
rement électrique.

2. Les nuages formés des eaux de la mer
font fortement électrifés , & ils retiennent
le feu électrique , jufqu'à ce qu'ils ayent
occafion de le communiquer.

3. Les tempêtes qui regnent fur la mer,
& qui portent les particules d'eau les unes
contre les autres , caufent des efpéces de
frottements qui rendent les eaux de la mer,
& par conféquent les nuages qui en font
formés , des corps actuellement électriques.

4. Le foleil fournit, ou femble fournir le
feu commun à toutes les vapeurs qui s'élévent tant de la terre , que de la mer.

5. Les vapeurs qui ont en elles du feu
électrique & du feu commun, font mieux
foutenues que celles qui n'ont que du feu
commun. Car lorfque les vapeurs s'élévent
dans la région la plus froide au deffus de la
terre, le froid, s'il diminue le feu commun,
ne diminue point le feu électrique.

6. De-là les nuages formés par des vapeurs élevées des eaux fraiches de la terre,
des végétaux, de la terre humide &c. , dé-
pofent leur eau & plus vîte & plus aifément, n'ayant que peu de feu électrique
pour repouffer les molécules & les tenir féparées , de forte que la plus grande partie
de l'eau élevée de la terre, eft abondonnée,
& retombe fur la terre.

7. Les nuages formés par les vapeurs élevées de la mer , ayant les deux feux , &

fur-tout une grande quantité de feu électrique, foutiennent fortement leur eau, l'é-
lévent à une grande diftance ; & étant agités par les vents contraires, peuvent l'ame-
ner au milieu du plus vafte continent.

8. Si ces nuages font pouffés par des vents
contre des **montagnes**, ces montagnes étant
moins électrifées, les attirent, & dans le
contact emportent leur feu électrique ; &
comme elles font froides, elles emportent
auffi leur feu commun ; de-là les molécules preffent vers les montagnes & fe preffent l'une l'autre. Si l'air eft peu chargé,
le nuage tombe feulement en rofée fur le
fommet & fur les côtes des montagnes ; il
forme des fontaines & defcend dans les val-
lées en petits ruiffeaux, qui par leur réunion
font les grands courans & les rivieres. S'il
eft fort chargé, le feu électrique fort tout
à la fois d'un nuage entier, & en l'aban-
donnant il brille comme un éclair, & cra-
que avec violence : les particules d'eau fe
réuniffent d'abord faute de ce feu, & tom-
bent en groffes ondées.

9. Lorfque le fommet des montagnes attire ainfi les nuages, & tire le feu électrique du premier nuage qui l'aborde, celui
qui fuit, lorfqu'il approche du premier nuage
actuellement dépouillé de fon feu, lui lance
le fien, & commence à dépofer fon eau propre. Le premier nuage lançant de nouveau
ce feu dans les montagnes, le troifiéme nuage approchant, & tous les autres arrivant

succeſſivement, agiſſent de la même maniere. De-là les déluges de pluie, les tonnerres,
les éclairs, &c.

10. Quoiqu'un Pays ſoit uni & ſans montagnes qui interceptent les nuages électriſés,
il y a cependant encore des moyens pour les
obliger à dépoſer leurs eaux ; car ſi un nuage électriſé venant de la mer , rencontre
dans l'air un nuage élevé de la terre, & par
conſéquent non électriſé, le premier lancera
ſon feu dans le dernier , & par ce moyen
les deux nuages ſeront contraints de dépoſer ſubitement leurs eaux. En effet, les particules propres du premier nuage ſe reſſerrent, lorſqu'elles perdent leur feu ; les particules de l'autre nuage ſe reſſerrent auſſi en
le recevant. Dans l'un & dans l'autre elles
ont ainſi la facilité de ſe réunir en gouttes..
La commotion ou la ſecouſſe donnée à l'air
contribue auſſi à précipiter l'eau, non ſeulement de ces deux nuages , mais des autres
qui les avoiſinent : de-là les chutes de pluie
ſoudaines immédiatement après la lumiere
des éclairs.

11. Lorſqu'un grand nombre de nuages
de mer rencontre une quantité de nuages
de terre , les étincelles électriques paroiſſent s'élancer de différens côtés ; & comme
les nuages ſont agités , & mêlés par les
vents, ou rapprochés par la force de l'attraction électrique , ils continuent à donner
& à recevoir étincelles ſur étincelles , juſqu'à ce que le feu électrique ſoit également
répandu dans tous.

12. Quand les nuages électriques paffent fur un pays, les fommets des montagnes & des arbres, les tours élevées, les pyramides, les mats des vaiffeaux, les cheminées, &c.; comme autant d'éminences & de pointes, attirent le feu électrique, & le nuage entier s'y décharge.

13. La connoiffance du pouvoir des pointes pourroit être de quelque avantage aux hommes pour préferver les maifons, les églifes, les vaiffeaux, &c. des coups de la foudre, en nous engageant à fixer perpendiculairement fur les parties les plus élevées de ces édifices des verges de fer faites en forme d'aiguilles & dorées pour prévenir la rouille, & du pied de ces verges un fil d'archal abaiffé vers l'extérieur du bâtiment dans la terre, ou autour d'un des haubans d'un vaiffeau, ou fur le bord, jufqu'à ce qu'il touche l'eau. Ces verges de fer ne tireroient-elles pas probablement le feu électrique en filence hors du nuage, avant qu'il vînt affez près pour frapper; & par ce moyen ne pourrions-nous pas être préfervés de tant de défaftres foudains & effroyables?

14. On doit entendre fort peu de tonnerres en mer, lorfque l'on eft fort éloigné de la terre. Voilà les points principaux du fyftéme de M. Franklin fur les caufes du tonnerre. On ne peut pas s'empêcher de convenir que ce Phyficien a des reffources infinies dans l'efprit pour faire valoir fes Principes.

(*i*) *Neque aliud eft in terrâ tremor , quàm in nube tonitruum : nec hiatus aliud , quàm cùm fulmen erumpit : inclufo fpiritu luctante , & ad libertatem exire nitente.* Plinius , lib. 2. cap. LXXXI.

(*k*) Le 1 Novembre 1755 fera à jamais mémorable dans l'hiftoire par un tremblement de terre qui porta le trouble & la défolation dans plufieurs villes de l'Europe: Cadix fut ébranlé jufques dans fes fondemens ; Seville fut agitée par les fecouffes les plus violentes ; & Lisbonne fut prefque enfevelie fous fes ruines. Le Nonce du Portugal écrivant à celui de Madrid, ne crut pas exagerer, en dâtant fa lettre *du lieu où exiftoit ci-devant Lisbonne.* On lit dans toutes les relations de ce tems-là , que les trois quarts de la ville furent renverfés par les fecouffes les plus terribles, & qu'il y périt plus de cent mille hommes , dont la plupart furent engloutis dans le fein de la terre , d'où l'on vit fortir les flammes les plus affreufes. Ce malheur fut annoncé par un bruit femblable à celui du tonnerre , & par les plus grandes agitations dans les eaux de la mer.

(*l*) J'enfeignois la Philofophie à Aix en Provence, l'année même du renverfement de Lisbonne. Bien des perfonnes m'inviterent à faire expliquer en public , par quelques uns de mes éléves , les caufes phyfiques des tremblements de terre. Je me rendis à leurs invitations ; & fur la fin du mois de Décembre 1755 , je fis diftribuer un programme

imprimé dans lequel après avoir établi une
véritable analogie entre les tonnerres & les
tremblements de terre, j'affurois que la matiere électrique étoit la véritable caufe des
uns & des autres. Je donnai tout ceci fous
le nom de *pures conjectures.* Si elles ont acquis depuis ce tems-là quelques degrés de
probabilité, c'eft que plufieurs Phyficiens,
peut-être à mon exemple, ont traité cette
même matiere, & ont adopté purement &
fimplement toutes mes idées. Je fais cette
remarque, pour qu'on ne regarde pas comme un plagiat la partie de ma Lettre qui a
rapport aux tremblements de terre.

(*m*) Il doit y avoir dans le fein de la terre
des millions de caufes capables de fuppléer
au frottement que nous employons, pour
mettre le foufre & le bitume dans l'état
actuel d'électricité. Les vents contraires qui
regnent dans les cavernes fouterraines qui
ont des ouvertures oppofées, me paroiffent
fournir une caufe bien propre à électrifer
fortement des particules déja chaudes, que
le moindre frottement mettroit en état de
donner des bluettes très-fenfibles; nouvelle
preuve de l'analogie entre les tonnerres &
les tremblements de terre.

(*n*) La terre fe meut d'occident en orient,
chaque jour fur fon axe, & chaque année
dans l'écliptique. Le premier mouvement
lui fait parcourir environ neuf mille lieues
chaque jour; & le fecond, environ deux cens
millions de lieues chaque année. Ces mou-

vements font l'un & l'autre affez rapides, pour agiter la matiere électrique qui réfide dans le fein de la terre.

(*o*) Les vents qui foufflent dans l'intérieur de notre globe, les fermentations, les rivieres qui fe perdent pendant un certain tems dans la terre, les éboulements, tant de mines qu'on creufe tous les jours, tant de variations auxquelles doivent être fujettes les contrées fouterraines &c., &c., voilà bien des caufes qu'un Phyficien attentif peut mettre en œuvre, s'il veut expliquer d'une maniere vraifemblable comment, dans le fein de la terre, le foufre & le bitume déja chauds, peuvent acquerir une très-forte électricité.

(*p*) Pline raconte que dans un tremblement de terre, arrivé l'an de Rome 655, deux montagnes fituées aux environs de Modéne, s'entrechoquerent plufieurs fois avec un grand fracas; & que du milieu de ces montagnes on vit fortir la flamme & la fumée. *Factum eft femel, quod equidem in Etrufca difciplinæ voluminibus inveni, ingens terrarum portentum, L. Marcio, fex. Julio Coff. in agro Mutinenfi: Namque montes duo inter fe concurrerunt, crepitu maximo affultantes, recedentefque, inter eos flammâ fumoque in cœlum exeunte interdiu; fpectante e via æmilia magnâ equitum Romanorum, familiarumque, & viatorum multitudine. Eo concurfu villæ omnes elifæ: animalia permulta, quæ intra fuerant, exanimata funt; anno ante fociale bellum.* Plinius lib. 2. cap. LXXXIII.

Le

Le 1 Septembre 1726, il y eut à Palerme un tremblement de terre, dont voici les principales circonſtances. On entendit d'a-bord un bruit épouvantable qui dura près d'un quart d'heure, dans un tems où il n'y avoit ni nuage, ni vent. On vit enſuite deux colonnes de feu ſortir de la terre, & aller s'enfoncer dans la mer. On éprouva enfin un tremblement qui dura 5 à 6 minutes, & qui renverſa une partie des maiſons de Palerme.

Mais pourquoi aller chercher des exemples ſi loin? Ne ſçavons-nous pas que, ſi une partie de Lisbonne a été renverſée par le tremblement de terre du 1 Novembre 1755, l'autre partie a été bien endommagée par le feu que l'on a vû ſortir des entrailles de la terre, qui ne s'eſt ouverte, qu'avec un bruit & un fracas horrible?

(*q*) Denis d'Halicarnaſſe parle d'un trem-blement de terre, qui infecta tellement l'air, qu'il fut ſuivi d'une eſpéce de peſte, dans la-quelle perit un grand nombre d'hommes & d'animaux.

Le tremblement de terre qu'éprouva la Chine le 30 Septembre 1730, eut un effet auſſi ſenſible. A 4 lieues au nord de Peking, la terre s'ouvrit, & de cette ouverture il ſortit une fumée, ou pour mieux dire, un brouillard infect. Cette ouverture ne s'eſt pas refermée. Elle fut long-tems couverte d'une eau noire en quelques endroits, jauna-tre en d'autres, & ailleurs noire & jaunatre.

Q

Enfin nous-avons appris que d'abord après le tremblement de terre du 1 Novembre 1755 , on humoit à Lisbonne un air infecté de particules nitreufes , fulphureufes & bitumineufes ; ce qui fans doute a été une des caufes de la maladie épidémique qui défola ce pays en l'année 1756.

(r) Relifez les notes *m* , *n* , *o* ; nous y avons expliqué en quoi confifte le frottement équivalent du foufre & du bitume.

Fin de la premiere Partie.

L'ÉLECTRICITÉ

SOUMISE

A UN NOUVEL EXAMEN.

SECONDE PARTIE.

AVANT-PROPOS.

Jusqu'a présent nous avons traité l'Électricité selon la méthode des Académies les plus célébres de l'Europe. Dans ces azyles respectables de la science & du bon goût, on a pris, pour rendre raison de cette découverte intéressante, tantôt le ton histo-

rique , & tantôt le ton de differta-
tion. On a employé le premier dans
tout ce qui a eu rapport à la partie
expérimentale ; on s'eft fervi du fecond pour ramener ces mêmes expériences aux Principes les plus avoués
de la Méchanique. Mais depuis quelques années cette grande queftion de
Phyfique a paffé des Académies dans
les Ecoles ; & fans doute qu'il n'eft
point actuellement de Collége où l'on
ne foumette à une difpute reglée quelqu'un des fyftémes qui ont paru fur les
caufes des phénoménes de l'électricité.
C'eft là ce qui nous engage à préfenter en latin & dans la forme fcho-
laftique la plupart des chofes que
nous avons avancées dans nos neuf
Lettres précédentes. Une longue expérience nous a appris que les jeunes
gens ne fçavent bien les queftions de
Phyfique , que lorfqu'on les leur a
données fous cette forme. Peut-être
nous ferions-nous épargné ce travail, fi cette matiere eût été traitée

avec l'étendue qu'elle mérite, dans les différents cours latins de Philofophie que l'on a donnés au Public ces derniè-res années. Mais on aura de la peine à s'imaginer avec quel laconifme ces Phyficiens, Auteurs d'ailleurs d'un mérite très-diftingué, ont parlé de la vertu électrique dans les plus beaux jours de l'Électricité. Que l'on me permette donc de rendre compte en peu de mots de ce que l'on trouve fur cette importante matiere dans les cours de Philofophie de M. Le Mon-nier, du R. P. Scherffer Jéfuite, de M. Sgravefande, & du R. P. Jac-quier Minime.

M. Pierre Le Monnier enfeigna pen-dant long-tems avec beaucoup d'éclat la Philofophie, au college d'Har-court, à Paris. Il fit imprimer en 6 volumes *in-12*, en l'année 1750, les mêmes cayers qu'il avoit dictés à fes éléves, avec ce titre, *Curfus Philofo-phicus ad Scholarum ufum accommoda-tus.* Les grandes queftions de Phyfi-

que y font traitées pour l'ordinaire
avec beaucoup d'étendue , beaucoup
de méthode & beaucoup de clarté.
La queſtion de l'électricité eſt peut-
être la plus négligée de toutes ; tout
ce qu'il a écrit ſur cette matiere a pû
remplir à peine trois petites pages
imprimées en aſſez gros caractere ; ce
ſont les pages 418 , 419 & 420 du
cinquieme volume. Ce Phyſicien ,
après avoir rapporté avec beaucoup
de préciſion , les plus beaux phénoménes électriques , ſans en excepter
celui de Leyde , déclare qu'il n'en
connoit pas la cauſe. Il eſpére que
les nouvelles expériences qu'on ten-
teia , & ſur-tout la comparaiſon qu'on
fera des unes avec les autres , pouront
nous conduire à cette découverte ,
dont la baſe ſera le feu que contiennent les corps électriques par frottement. *Quod attinet ad cauſam phyſi-*
cam effectuum tam ſtupendorum , fa-
tendum eſt ipſam nondum fuiſſe detec-
tam ; unde expectandum donec alia

*adhuc tentata fuerint experimenta ,
quæ quotidie nova deteguntur : ex com-
paratione enim omnium illorum experimentorum , & attentione datâ ad omnes circumſtantias , detegi tandem poterit genuina ipſorum cauſa. Interim
valdè veriſimile mihi videtur materiam ignis inter partes corporum omnium interceptam , genuinam eſſe cauſam illorum omnium effeEluum ; qua-
tenus per vibrationes per friEtionem ex-
citatas , removentur partes ab ignis
materia diverſa , & multi quaſi ignis
rivuli coacervantur , ſicut in opere ſpe-
ciali , & gallico probare conabor.* Il approchoit de ſa 80e année , lorſqu'il
fit cette promeſſe au Public. La mort
l'empêcha de l'exécuter. Il mourut
quelque tems après dans une honorable vielleſſe , laiſſant deux fils d'un mérite très-diſtingué , tous les deux membres de l'Académie Royale des ſciences.

En l'année 1752 le Reverend Pere
Scherffer Jéſuite , Profeſſeur de Philoſophie dans l'Univerſité de Vienne

en Autriche, fit imprimer des Inftitutions de Phyfique, en 2 gros volumes *in-octavo*, remplis de tout ce qu'il y a de plus fçavant & de plus curieux dans cette fcience. L'Electricité n'y eft pas auffi bien traitée que la plûpart des autres queftions. L'Auteur, marchant fur les traces de M. Le Monnier, en rapporte d'abord les principales expériences ; & il ajoute que leurs caufes n'en étant pas encore bien connues, il n'a garde de fe flatter d'être en état de propofer une hypothéfe dans laquelle on explique d'une maniere fatisfaifante tous ces phénoménes intéreffants. *Atque hæc funt præcipua phænomena electrica, quorum caufæ vix adhuc innotuerunt. Unde conjecturam noftram paucis infinuabimus, nequaquam nobis blandientes, quafi omnibus phænomenis faceret fatis.* Après cet aveu dicté par une modeftie à laquelle on doit donner des éloges, il dit que la matiére électrique ne lui paroit pas être diftinguée d'une efpéce *d'éther mêlé*

mêlé de particules ſulphureuſes très-ſubtiles & très-déliées. *Videtur électricitati magnam eſſe cum ſulphure amicitiam . . . . . & ut paucis dicam, materiam electricam ætherem eſſe ejuſmodi ſubtiliſſimas exhalationes vehentem exiſtimo.* Il ajoute que cet *éther* ne produit les phénoménes électriques, que lorſqu'il eſt en mouvement. *At nequit hic æther in phœnomenis electricis eſſe in quiete ; agitatur, impellitur, reſilit.* Il admet enfin, à l'exemple de M. Franklin, des attractions & des répulſions par leſquelles il tente de rendre raiſon de pluſieurs effets très-compliqués. *Inferetur utique effectum idio-electricorum (corporum per ſe electricorum) proprium eſſe repulſionem mutuam, ſi conjungantur ; at ſi circumfuſam materiam corpus alterum abſorbeat, attractio fiet.* Tout ceci ſe trouve au Tome ſecond des Inſtitutions de Phyſique du P. Scherffer, entre les pages 459 & 466 ; c'eſt-à-dire, que cet Auteur

R

a prétendu renfermer en 7 pages cette grande & importante queſtion : la choſe me paroit bien difficile, pour ne pas dire impoſſible.

La même année 1752, M. Allaman donna au public en 2 gros volumes *in-quarto* la troiſieme édition de la Phyſique de ſon illuſtre Maître, le célébre Guillaume, Jacques Sgraveſande, ſous ce titre : *Phyſices elementa Mathematica experimentis confirmata.* Dans cet Ouvrage, dont on ne ſçauroit trop recommander la lecture, ou pour mieux dire, l'étude à quiconque veut enſeigner la bonne Phyſique, l'Electricité eſt peut-être la ſeule queſtion dont on ait eu lieu de n'être pas content. L'Auteur, après avoir expoſé les principales expériences d'Haukſbée dont nous avons nous-mêmes rendu compte dans les notes de notre huitieme Lettre, tire comme en tremblant, les conſéquences ſuivantes, qu'il érige en autant d'aſſertions probables. *Si ad omnia præcedentia at-*

tendamus experimenta, fequentes con-
clufiones ex illis deduci poffe videntur ;
quas, non ùt certas tradimus, fed ut
valde probabiles.

1. Le verre a dans fon fein, & autour de lui, des particules que le frottement excite, & aufquelles il communique un mouvement de vibration.
Vitrum in fe continere, hujufque fu-
perficiem circumdari athmofphærâ quâ-
dam, quæ attritu excitatur, & motu
vibratorio agitatur.

2. Le feu, renfermé dans le ver-
-re, eft chaffé par l'athmofphére dont
le verre eft entouré, ou fe meut du
moins avec cette athmofphére. *Ignis,*
vitro contentus, aɛtione hujus ath-
mofphæræ expellitur, faltem cum hac
athmofphæra movetur.

3. Le feu & l'athmofphére dont on
vient de parler, fe meuvent plus facilement dans le vuide, que par tout
ailleurs. *Athmofphæram & ignem faci-*
liùs moveri in vacuo etiam patet. Voilà
tout ce que dit fur l'électricité le fça-

R 2

vant Sgravéfande, au commencement du chapitre 11e du Livre 4e de fa Phyfique. Il comprenoit mieux que perfonne combien fes affertions étoient infuffifantes pour rendre raifon des phénoménes électriques les plus fimples & les plus communs. Auffi a-t-il eu foin d'avertir dans fa Préface qu'il ne parleroit de l'électricité que par hazard, & à l'occafion du feu, avec lequel cette queftion a une connexion effentielle. Il indique même les endroits des Tranfactions philofophiques & des Mémoires de l'Académie royale des fciences, que l'on pourra confulter, fi l'on veut étudier cette matiere à fond. *Occafione ignis pauca dedi de Electricitate, ut pateret connexionem dari inter phœnomena quædam ignis, & ipfam electricitatem.*

En l'année 1761, le Révérend Pere Jacquier Minime, moins célébre par la gloire qu'il a d'être affocié aux principales Académies de l'Europe , que par fon fçavant commentaire du fameux livre des *Principes de Nevvton* , fit imprimer à Rome un cours entier de Philo-fophie , en 6 volumes , *in-douze* , à l'ufage du Collége de la Propa-gande qui fe glorifiera toujours de l'avoir eu pour Profeffeur. J'avoue que je m'attendois à trouver dans cet Ouvrage l'Électricité traitée en grand ; le Pere Jacquier a écrit dans un tems où les plus beaux phéno-ménes électriques étoient connus de-puis une dizaine d'années. Quelle ne fut pas ma furprife , lorfque je vis cette queftion donnée en 7 à 8 pages *in-*12 , comme par hazard , & dans l'article même de l'aiman : comme fi l'Électricité ne méritoit pas d'être traitée à tête repofée , & dans un article féparé ! Ma fur-prife augmenta bien d'avantage , lorfque je lui entendis dire qu'il n'étoit pas encore tems de rien prononcer fur l'électricité , & qu'il

R 3

falloit bien prendre garde à ce qu'on avanceroit sur cette matiere, de peur de s'expofer à ne dire que des mots, & à courir après des ombres d'explications. *Fatendum eſt immaturum, ut ita dicam, adhuc eſſe argumentum illud, longâ fortaſſe annorum atque experimentorum ſerie perficiendum . . . . . ac proinde noſtros auditores hortamur ut in difficilioribus id genus quæſtionibus nihil audaciùs proferant, vaniſſimaſque explicationum umbras & inanes verborum ſonos amplectantur.* Peut-être le P. Jacquier a-t-il craint que les expériences de l'électricité ne donnaſſent à ſes éleves du dégoût pour la Théologie, à laquelle ſon Cours de Philoſophie n'eſt qu'une eſpéce de préparation ; auſſi a-t-il pour titre : *Inſtitutiones Philoſophicæ ad ſtudia Theologica præſertim accommodata.* Sans doute qu'il a eu de bonnes raiſons pour le compoſer tel: Il n'eſt pas difficile de s'appercevoir , fur·tout dans les deux volumes qui regardent la Phyfique , que l'Auteur eft beaucoup plus fçavant que fon livre.

C'eft ce laconifme avec lequel les Phyficiens fcholaftiques ont affecté de parler de l'électricité , qui m'engage à traiter à fond cette grande queftion de Phyfique , felon la méthode ufitée dans les écoles. Je vais la confidérer d'abord en elle-même , & enfuite dans fes effets principaux , tels que font en particulier le tonnerre & les tremblements de terre. Comme ceux qui liront ceci , font au fait des abréviations philofophiques , il feroit inutile d'en donner ici le long & l'ennuyeux catalogue. Ils fçavent depuis long-tems que *R.* fignifie *Refpondeo* ; *P* , *Probo* ; *D* , *Diftinguo* ; *C* , *Concedo* ; *N* , *Nego* , *&c.* Nos abréviations ne feront pas cependant auffi fortes. Au lieu de dire , par exemple , *Refpondeo ad* *primum argumentum , nego antecedens. Ad secundum , nego sequelam. Ad tertium , distinguo antecedens ;* nous dirons *Resp. ad* 1. *neg. ant. ad* 2. *neq. seq. ad* 3. *dist. ant.* En voilà assez pour n'être pas arrêté dans la lecture de ce qui va suivre.

QUÆSTIO

PHYSICA

DE VIRTUTE ELECTRICA.

Irtus electrica manifestari solet per attractiones, repulsiones, scintillas, inflammationes, commotiones &c. De causis hujus virtutis, quam ignotam non habuerunt antiquiores Philosophi, maximâ cum animorum contentione ab annis fermè quinquaginta disputatur apud recentiores Physicos. Quæstionem hanc fusè admodum tradere decrevimus. Eam ob rem methodum selegimus sequentem : 1°. Præmittemus definitiones aliquot quæ jure vocantur *primæ notiones electricitatis.* 2°. Electrica referemus experimenta quæ necessariò debent exponi in quâlibet hypothesi physicâ ; 3°. Varias trademus Physicorum sententias circa materiam electricam, ipsarumque nævos indicabimus ; 4°. Sententiam nostram aperiemus, in eâque phœnomena jam relata tentabimus exponere ; 5°. Denique proponemus & folvere conabimur difficultates præcipuas quæ contra noftram hypothefim fiunt ab adverfariis.

ARTICULUS PRIMUS.

De Notionibus ad Quæftionem virtutis electricæ præambulis.

NOtio 1ᵃ. Componitur electrica machina 1°. globo vitreo cujus diameter poteft effe major vel minor ; 2°. rotâ ligneâ cujus ope motus rotationis imprimitur vitreo globo quem manus ficcior affricat ; 3°. tubo ferreo qui per tenuiffimas orichalci laminas cum vitreo globo communicationem habet; 4°. funiculis fericis qui ferreum tubum fufpenfum tenent horizontaliter ; 5°. denique fcabello refinaceo, in modum placentæ confecto, in quo poffit homo, fuis erectus pedibus, facilè commodèque conftitui. Exactè admodum repræfentatur hæc machina per *figuram* 1. *Tabulæ* 1.

Notio 2ᵃ. Corpus actu electricum eft corpus versùs quod eunt & à quo redeunt corpora quæque leviffima, qualia funt tabacum tritum, orichalci folia tenuiffima, avium plumulæ &c. Sefe prodit etiam virtus electrica per flammam cæruleam quæ cum cre-

pitu excitatur ex finu corporis electrici. Loquimur hîc de hac electricitatis fpecie quam
in pofterum *totalem* & *perfectam* appellabimus.

Notio 3ª. Ex corporibus alia funt *per fe*,
& alia *per communicationem* electrica. Cera
obfignatoria, fuccinum, alumen, adamas,
criftallum, ac præcipuè vitrum funt corpora
per fe electrica. Metalla autem & corpora
viventia funt corpora *per communicationem*
electrica.

Notio 4ª. Corpora *per fe* electrica virtutem
fuam manifeftant, quotiefcumque panno,
vel papiro, vel manu ficcâ fricantur. Corpora autem *per communicationem* electrica
vim electricam perfectam concipiunt, quotiefcumque per filum ferreum, aut per funiculum cannabinum communicationem habent cum corporibus *per fe* & actu electricis.

Notio 5ª. Corpora *per fe* electrica nullam
aut quafi nullam virtutem electricam per
communicationem, & corpora *per communicationem* electrica nullam aut quafi nullam
virtutem electricam per frictionem acquirunt.

Notio 6ª. Omnia omninò orbis hujus corpora funt verifimiliter aut *per fe* aut *per communicationem* electrica.

ARTICULUS SECUNDUS.

De Præcipuis Experimentis electricis.

Hiſtoricè tantùm in hoc articulo referemus experimenta præcipua quæ fieri ſolent ope electricæ machinæ, ipſiſque per modum *obſervationum* ſubjiciemus experimenta minus præcipua & quaſi ſecundaria.

EXPERIMENTUM PRIMUM.

Motus aliquis circularis imprimatur, ope rotæ, globo cuidam vitreo, intereadum affricatur manu ſiccâ. Suſpendatur horizontaliter, funiculorum ſericorum ope, tubus aliquis, ex albo ferro confectus, qui cum vitreo globo per tenues aliquot orichalci laminas communicationem habeat; tantam vim electricam concipiet ferreus hic tubus, ut ſtatim flammulam cæruleam ex ipſius ſinu cum crepitu profilientem videas, ſi ad ipſum admoveas digitum, clavim, uno verbo corpus quodcumque *per communicationem* electricum.

Obſervationes.

1°. Tubus idem ferreus, funiculorum cannabinorum ope ſuſpenſus, vim electricam vel nullam, vel admodum exiguam concipit, quantocumque motu rotationis donetur vitreus globus.

2°. Ex tubo ferreo electricâ virtute donato nullam omninò flammam excitabis, fi versùs ipfum admoveas ceram obfignatoriam, tubulum vitreum, uno verbo corpus quodcumque *per fe* electricum.

3°. Ex tubo ferreo nondum electricâ virtute donato pendeant duo fila cannabina fibi invicem parallela; à fe invicem hæc duo fila recedent, atque angulum efficient, ftatim ut vim electricam concipiet ferreus tubus. Imò quidem eò major erit angulus à duobus filis effectus, quò vividior erit electricitas tubi. Hinc *Electrometri* nomen habent hæc duo cannabina fila.

EXPERIMENTUM SECUNDUM.

Super corpus *per fe* electricum, qualis eft placenta refinacea, collocetur corpus aliquod vivens, quodcumque fcilicet animal, rationale aut irrationale; & ope fili ferrei communicationem habeat hoc animal cum tubo de quo loquebamur in experimento primo; tantam vim electricam quafi fubitò concipiet, ut fi digitum admoveas, ex ipfo cum crepitu prorumpat flamma cœrulea quæ tum tibi, tum ipfi dolorem pariat adeò fenfibilem, ut vos aciculam leviter pupugiffe ftatim credideritis.

Obfervationes.

1°. Ad quamcumque diftantiam ex tubo ferreo reperiatur placenta refinacea; is qui fuit fuper illam collocatus, virtutem electricam ftatim acquiret , dummodò per filum ferreum aut per funiculum cannabinum madidum cum electrico tubo communicationem habeat.

2°. Qui fuper placentam refinaceam collocatur, is flammam non excitat ex electrico tubo quocum habet communicationem.

3°. Si quis humi pofitus manu teneat vas aliquod metallicum in quo reperiatur fpiritus vini calidus , ipfumque offerat homini fuper placentam refinaceam collocato ; liquorem hunc homo jam electricus inflammabit, quotiefcumque ignem ex illo tentabit excitare.

4°. Idem prorfus phœnomenum accidit , cùm homo jam electricus vas metallicum manu tenet , & homo electricâ virtute deftitutus flammam tentat excitare.

EXPERIMENTUM TERTIUM.

Corpora quæque leviffima , qualia funt tabacum tritum , auri laminæ tenuiores , avium plumulæ , &c. nunc attrahuntur versùs corpus electricâ virtute donatum , nunc repelluntur ab hoc corpore , nunc adhærent huic eidem corpori. Imò quidem fefe manifeftat electrica virtus per itus & reditus corporum hujufmodi leviffimorum.

Obfervationes.

1°. Electricæ machinæ tubo ferreo fuperimponatur patera quædam metallica in quâ reperiantur corpora leviffima ; tubum ferreum fugient hæc omnia corpufcula , ftatim ut virtutem electricam tubus concipiet.

2°. Si tubo ferreo subjecta fuisset hæc eadem patera, versùs tubum attracta fuissent corpora levissima ipsi imposita, statim ut virtutem electricam tubus concepisset.

EXPERIMENTUM QUARTUM.

Sit lagena vitrea, aquis semiplena & folio metallico exteriùs cooperta. Sit in hac lagena filum ferreum perpendiculariter erectum, quod ad fundum usque protendatur. Filo huic ferreo communicetur electrica virtus ; experientiâ constat quòd si quis lagenam hanc unâ manu per partem ipsius inferiorem sustineat, & alterâ manu flammam excitet ex supradicto filo, ita violenter commovebuntur duo ipsius cubiti & pectus, ut corpus totum quasi fulmine tactum judicaverit.

Observationes.

1°. Lagena de quâ loquimur, communicationem habeat cum tubo ferreo electrico, & quispiam unâ manu partem inferiorem lagenæ tenens, aut etiam tangens, alterâ manu flammam excitet ex tubo, is eamdem omnino commotionem experietur.

2°. Junctis manibus catenam efforment homines non pauci. Primus ex illis partem inferiorem lagenæ manu sustineat ; ultimus verò flammam excitet ex electricæ machinæ tubo, omnes simul & eodem instanti percutientur eâdem commotione, tum in cubitis, tum in pectore.

EXPERIMENTUM QUINTUM.

Involvatur chartâ quâdam densiori pars aliqua tubi ferrei machinæ electricæ. Super pateram metallicam collocetur lagena vitrea cum tubo ferreo communicans. Lagenæ fundum inter & pateram metallicam reperiatur filum ferreum ; experientiâ constat quod si quis ex eâdem hac manu quâ filum ferreum tenet , flammam excitet ex chartâ electrici tubi partem aliquam involvente , maximo cum fragore perforabitur charta hæc densissima.

Observationes.

1°. Si , chartæ loco , ponatur avis aliqua , mortem ipsi certissimam afferent aliquot scintillæ ex ipsius implumi capite excitatæ.

2°. Loco lagenæ aquis semiplenæ de quâ loquebamur in experimento 4° & 5° , possumus uti quadrato vitreo cujus operiantur pars superior & pars inferior folio quodam metallico ad extremitates usque vitri vix sese extendente. Notum est hoc experimentum sub nomine tabellæ magicæ.

EXPERIMENTUM SEXTUM.

Super tectum alti cujusdam ædificii constituatur placenta resinacea aut vitrea. Hanc super placentam perpendiculariter erigatur aliqua virga ferrea ; experientiâ constat quòd si nubes aliqua, fulmen in sinu suo deferens , virgæ huic ferreæ superimmineat , ex eâ excitabuntur

citabuntur fcintillæ eodem prorsùs modo, ac fi virga communicationem habuiffet cum vitreo globo eximiæ cujufdam electricæ machinæ.

EXPERIMENTUM SEPTIMUM.

Super placentam refinaceam conftituatur globi vitrei fricator, is non modò vim electricam fenfibilem concipiet, fed etiam flammam excitabit ex tubo machinæ jam electrico ad quem digitum fuum admovet. Ex memoriâ veftrâ non excidat ultimum hoc experimentum.

Obfervatio.

Fricator idem in pavimento pofitus, non concipit vim electricam fenfibilem. Hæc funt experimenta præcipua quorum conabimur in articulo fequenti explicationem afferre faltem probabilem.

ARTICULUS TERTIUS.

De caufis electricæ virtutis.

VEras electricæ virtutis affignare caufas, hoc opus, hic labor femper fuit in Phyfica; quemadmodum apparebit enumeratione fequenti.

SENTENTIA PHILOSOPHORUM ANTIQUIORUM.

Nullum omninò negotium philofophis antiquioribus faceffebant electrica phœnomena.

S

In promptu ipsis erant , vel qualitas quædam
occulta corporibus electricis essentialis & in-
trinseca , vel innatus quidam horror vacui.
Prævalebat in scholis hæc ultima sententia ;
plurimi enim apud antiquos affirmabant aera
per effluvium electricum expelli , & metu vacui adduci corpora quæcumque levissima.
Risu potiùs quam seriis rationibus debet hæc
sententia confutari.

SENTENTIA CARTESII.

De causis electricæ virtutis ex professo egit
Cartesius. Sic enim loquitur *Parte* 4 *princi-*
piorum , pag. 210 & 211 , *art.* CLXXXV.
(Ex modo quo vitrum generari dictum est ,
facilè colligitur , præter illa majuscula intervalla per quæ globuli secundi elementi versùs omnes partes transire possunt , multas
etiam rimulas oblongas inter ejus particulas
reperiri , quæ cùm sint angustiores quàm ut
istos globulos recipiant , soli materiæ primi
elementi transitum præbent ; putandumque
est hanc materiam primi elementi , omnium
meatuum quos ingreditur , figuras induere
assuetam , per rimulas istas transeundo , in
quasdam quasi fasciolas tenues & oblongas
efformari , quæ , cùm similes rimulas in aere
circumjacente non inveniant , intrà vitrum se
continent , vel certè ab eo non multùm eva-
gantur , & circà ejus particulas convolutæ ,
motu quodam circulari , ex unis ejus rimulis in alias fluunt. Quamvis enim materia
primi elementi fluidissima sit , quia tamen

conftat minutiis inæqualiter agitatis, rationi
confentaneum eft ut credamus multas quidem
ex maximè concitatis ejus minutis à vitro in
aerem affiduè migrare, aliafque ab aere in
vitrum earum loco reverti : fed cum eæ quæ
revertuntur, non funt æquè concitatæ, illas
quæ minimum habent agitationis, versùs rimulas quibus nulli meatus in aere correfpondent, expelli, atque ibi unas aliis adhærentes, fafciolas iftas componere : quæ fafciolæ,
idcircò fucceffu temporum figuras acquirunt
determinatas, quas non facile mutare poffunt.
Unde fit ut, fi vitrum fatis validè fricetur,
ita ut nonnihil incalefcat, ipfæ hoc motu
foràs excuffæ, per aerem quidem vicinum fe
difpergant, aliorumque etiam corporum vi-
cinorum meatus ingrediantur ; fed quia non
tam faciles ibi vias inveniunt, ftatim ad vitrum revolvantur, & minutiora corpora,
quorum meatibus funt implicitæ, fecum adducant..... Quod autem hìc de vitro notavi-
mus, de plerifque aliis corporibus etiam credi
debet ; nempè quod interftitia quædam inter
eorum particulas reperiantur, quæ cùm nimis angufta fint ad globulos fecundi elementi
admittendos, folam materiam primi reci-
piunt.) Ex dictis fequitur Cartefium admififfe,
tanquam principia totidem, ea quæ fe-
quuntur.

1°. In vitro quolibet extant pori majores
& pori minores. Ifti, materiæ primi elementi : illi verò globulis elementi fecundi
tranfitum præbent.

S 2

2°. Materia primi elementi difficiliùs movetur in aere , quam in poris minoribus vitri.

3°. Propter hanc refiftentiam aeris materia primi elementi citò revertitur in vitrum ex quo fuerat propter frictionem egreffa.

4°. Materia primi elementi & materia electrica nullo modo diftinguuntur inter fe.

5°. Juxta Cartefium electrica phœnomena pendent à fuccefsivâ quâdam effluentiâ materiæ primi elementi ex poris minoribus vitri, & affluentiâ ejufdem materiæ versùs poros minores ejufdem vitri ficcâ manu fricati.

Annotationes.

1°. Gratis & abfque fundamento tanquam principia ponuntur ea quæ fuerunt enunciata *num.* 1. 2. 3. 4.

2°. *Effluentia* & *affluentia* materiæ electricæ videtur effe potiùs fimultanea, quam fucceffiva , ut annotabitur inferiùs.

3°. Peculiaris hæc fententia Cartefii circa materiam electricam pendet evidenter ab ipfius fiftemate generali , quod falfum effe demonftratur à Phyficis.

4°. Eas omnes ob caufas nobis effe rejicienda videtur Cartefii fententia circà materiam electricam.

Sententia Honorati Fabri.

Neque profectò fententiam probabiliorem propofuit Honoratus Fabri, Cartefii coætaneus. Sic enim loquitur , *Tom.* 4. *Phyfica* , *pag.* 212, 213. (Succinum & cera Hifpanica

multo igne conſtant & pingui ſucco ; quod
vel ex filaminibus ſuccini liqueſcentis conſ-
tat : nempè in longum ducuntur illa filamina
quorum lentor & tenacitas in dubium revo-
cari non poſſunt .... Partes ignis quæ ſuccino
inſunt, continuò agunt in humidum illud viſ-
coſum & lentum, quod deindè caloris vi ra-
reſcit, avolatque in halitum qui etiam len-
tus & viſcoſus eſt ; hinc in filamina ducitur
quantumvis inſenſibilia .... Porrò emittitur
prædictus halitus ad inſtar jaculi .... Quia
propter lentorem materiæ filum emiſſum
poro adhæret, inde fit, præ impetûs violen-
tiâ, ut filum quod plus æquò in longum ducitur & valdè attenuatur, vel tandem rumpatur circa medium, vel non rumpatur quidem, ſed poſt validam tenſionem ex primâ
illâ emiſſione derivatam ſtatim redeat etiam
cùm impetu .... Analogiam habes in chordâ
tensâ, quæ ſi vel dimittatur, vel frangatur
præ nimiâ tenſione, ſegmenta reducuntur
versùs alteram extremitatem cui affixa eſt :
hinc ſi ſegmentum illud cujus extremitas poro
adhæret, & non ſine aliquâ vi versùs porum
& ſuccinum reducitur, incidat in minutiſſima
corpuſcula quæ facilè moveri poſſint, ea ſe-
cum rapit & ipſi ſuccino affigit; quid clarius?)
Sic centum & triginta abhinc annis de electricitate ſentiebat Honoratus Fabri.

Annotationes.

1°. In ſententiâ mox expoſitâ non explicantur phœnomena corporum *per communicatio-*

nem electricorum ; volebat enim P. Fabri nullum omninò corpus , nequidem metalla., fieri posse per communicationem electrica. *Corpus scabrum* , inquit ille, pag. 212, *molle , malleo ductile . illâ vi caret.*

2°. Non explicatur in hac eâdem sententia, undenam oriatur in vitro tanta vis electrica. Affirmat enim author hujus hypotheseos ceram obsignatoriam & succinum esse corpora omnium maximè electrica ; de vitri autem electricitate vix per transennam loquitur.

3°. Denique non explicantur in hac sententiâ pleraque phœnomena quorum nostris hisce diebus stupendum electrica machina spectaculum præbet ; ergò rejicienda est sententia P. Honorati Fabri, tanquam insufficiens ad exporenda electrica phœnomena.

Sententia Domini Dufay.

Primus fuit in galliâ D. Dufay qui virtutis electricæ quæstionem ordine quodam & methodo perpenderit. Experimenta ipsius præcipua consignantur in actis Academiæ scientiarum parisiensis , annis 1733 , 1734 & 1737. Is affirmat duplicem esse electricitatem specificè diversam , vitream nempe & resinaceam. Si duplex est electricitas specificè diversa , *inquit ille* , duplex erit materia electrica specificè diversa ; si duplex est electrica materia specificè diversa , facilè admodùm exponentur electrica phænomena per conflictum scilicet duplicis hujus materiæ. Vult etiam D. Dufay materiam electricam om-

nem vorticosè girare circa corpus electricum, tanquam circa centrum proprium.

Annotationes.

1°. Vis electrica vitri videtur tantùm inten-
sior esse vi electricâ resinæ, ergo specificè
non differunt electricitas vitrea & resinacea
electricitas; alioquin dicendum foret specificè differre fervidissimum ignem ab igne minus fervido.

2°. Nullum est experimentum assignabile
quo probabiliter etiam innuatur motum aliquem vorticosum existere in electricâ mate-
riâ; ergo tanquam falsa rejicienda est sententia Domini Dufay circa materiam electricam.

SENTENTIA D. PRIVAT DE MOLIERES.

Versùs finem lectionis suæ 14ᵃ. sententiam suam exposuit D. Privat de Molieres;
hæc quinque quasi punctis comprehenditur.
1°. Non differt electrica materia à vorticulis
olei intrà quodcumque corpus electricum
contentis. 2°. Per affrictum manûs siccæ co-
guntur ex electrico corpore in aerem egredi
oleosi vorticuli, quorum plerique sese per
modum athmosphæræ disponunt circà corpus
electricum. 3°. Sese in aere extendunt oleosi
vorticuli, atque propter *plenum* perfectum ab
initio mundi perseverans in naturâ, vorticuli
similes versùs corpus electricum affluunt. 4°.
Plures sunt oleosi vorticuli in metallis &
in aliis corporibus *per communicationem* elec-

tricis, quàm in vitro & in corporibus electricis *per affrictum*. 5°. Denique ex corporibus
non electricis egreditur infensibilis materia
quæ cum athmofphærâ corporum electricorum fermentefcit ; atque ex illâ fermenta-
tione oritur fcintilla quam ex corporibus
actu electricis folemus excutere.

Annotationes.

1°. demonftrabimus inferiùs igneam effe
materiam electricam ; ergò diftinguitur hæc
materia ab oleo

2°. Nihil probat oleum ex vorticulis com-
poni.

3°. Non datur in rerum naturâ *plenum* perfectum , quemadmodum demonftratur ubi
de fpatio agitur.

4. Probabile non eft plus effe electricæ
materiæ in corporibus *per communicationem*
electricis, quàm in corporibus electricis *per fe.*
Imò quidem indicare videntur experimenta
exiguam admodum effe electricæ materiæ
quantitatem in corporibus quæ fola commu-
nicatio poteft electrica reddere ; hæc enim
corpora calefacta & ficciori manu fricata
nullum umquam fignum præbent electricitatis.

5°. fermentatio de quâ loquitur D. Privat
de Molieres , videtur effe merum commen-
tum , ergo rejicienda eft ipfius fententia tanquam hypothefis ex omni fermè parte peccans.

SENTENTIA

SENTENTIA D. JALLABERT.

Hæc fibi concedi poftulavit D. Jallabert in opufculo fuo de Electricitate , *pag.* 176 , *art.*3. 1°. Exiftit fluidum aliquod elafticum & tenue , non modò replens orbem hunc univerfum , fed & poros corporum etiam denfiffimorum. 2°. Partes hujus fluidi , ficut partes fluidorum omnium , tendunt ad æquilibrium , ac proindè tendunt ad implenda fpatia in quibus derelinquuntur aliquot vacuola. 3°. Fluidum hoc non eft homogeneæ denfitatis ; denfius enim eft in corporibus raris , quàm in corporibus denfis ; denfius eft , v. g. in aere quàm in aquâ. 4°. Fluidum hoc ab igne elementari prorsùs indiftinctum , atque per affrictum ex finu corporum *per fe* electricorum excuffum , fefe plerumque per modum athmofphæræ difponit circà corpora quæ funt in ftatu actuali Electricitatis. 5°. Corpus actu electricum tot accipit ab aere circumdante particulas igneas , quot ipfi fuppeditat , 6°. denique ignis electricus per feipfum invifibilis , fecum abripit particulas corporum ex quibus egredi cogitur , ficque fefe manifeftum reddit.

Annotationes.

1°. Plura funt in hâc hypothefi veritati confona , quàm à veritate aliena. Hoc unum falfum eft , materiam electricam denfiorem effe in corporibus raris , quam in corporibus denfis ; denfior enim eft hæc materia in

T

fuccino, vitro, adamante, quàm in aëre,
aquâ &c.

2°. Cætera omnia funt in hâc hypothefi
aut vera, aut faltem probabilia; ergò rejicienda eft fententia D. Jallabert, tanquam
innixa falfo fundamento; bafis enim hujus
hypothefeos eft materiam electricam denfiorem effe in corporibus raris, quàm in
corporibus denfis.

SENTENTIA D. FRANKLIN.

In Sententiâ Franklini hæc funt puncta
notatu digna. 1°. Materia electrica non fo-
lùm ab igne elementari, fed etiam à ma-
teriâ quâcumque communi fpecificè diftinguitur. 2°. Exiftit vis repulfiva inter particulas electricæ materiæ, & vis attractiva
inter particulas materiæ electricæ & particulas materiæ non electricæ. 3°. Corpus electricum angulofum facilè admodum per an-
gulos fuos materiam electricam amittit. 4°.
Corpus acuminatum non electricum facilè
admodum electrico corpori, 10 aut 12 pol-
licibus diftanti, materiam electricam eripit.

Annotationes.

1°. Nihil probat ignem electricum ab igne
elementari fpecificè diftingui.

2°. Datur evidenter caufa phyfica & im-
mediata phœnomenorum electricorum, quam
inferiùs determinabimus; ergò non licet re-
currere ad qualitates attractivas & repulfi-
vas de quibus in opufculo fuo Franklinus

loquitur, & confequenter fundamento nullo nititur Phyfici hujus Sententia.

Sententia D. Nollet.

Hic eft proprius Sententiæ Nolletianæ caracter, fimultanea fcilicet *effluentia* & *affluentia* materiæ cujufdam fubtiliffimæ. Sic rem hanc totam expofuit vir ille celeberrimus, atque de Phyficâ optimè meritus. 1°. Materia electrica nihil eft aliud quàm ignis elementaris qui plus, minufvè abundanter reperitur in omnibus omninò corporibus. 2°. Omne corpus electricum, five *per frictionem*, five *per communicationem* virtutem hanc conceperit, donatur athmofphærâ quâdam igneâ, quæ ad majorem, minoremvè diftantiam fefe extendit, prout intenfior vel remiffior eft corporis electricitas. 3°. Ex finu corporis electrici continuò effluunt ignea corpufcula quibus componitur hujufmodi athmofphæra. 4°. Non folum ex aëre, fed etiam ex omni circumftanti corpore continuò affluit versùs corpus electricum, v. g. versùs globum vitreum ficcâ manu fricatum, ignea materia quæ jacturas abundè reparat quas ob frictionem vitreus globus patitur. 5°. Conflictus exiftit inter materiam electricam effluentem & materiam electricam affluentem, atque ex eo conflictu Nolletius deducit phœnomenorum electricorum explicationem, ùt videre eft in operibus quæ fuerunt ab ipfo hanc circà materiam in lucem edita.

T 2

Annotationes.

1°. Propter resistentiam & elasticitatem aëris, pars aliqua, neque sanè exigua, electricæ materiæ quæ, per affrictum & motum rotationis, fuerat ex sinu vitrei globi *effluens*, in ipsummet globum redit, seu fit *affluens*; vix enim aliter exponi potest cur tempore frigido & sicco vividior existat electrica virtus, quàm tempore calido & humido.

2°. In Sententiâ Nolletianâ non videtur exponi posse, cur homo super placentam resinaceam more solito constitutus, non possit flammulam excitare ex tubo ferreo electrico ad quem digitum admovet; tunc enim conflictus maximus existit inter materiam exeuntem ex electrico digito, & materiam effluentem ex tubo pariter electrico; ergò non exponuntur in Sententiâ Nolletianâ omnia omninò electrica phænomena.

SENTENTIA NOSTRA.

Duobus veluti principiorum generibus innititur nostra hæc electricitatis theoria, quorum alia recipiuntur ab omnibus omninò Physicis, alia verò nobis sunt prorsùs peculiaria. Principia communia sunt numero sex.

1°. Datur materia quædam electrica. Et verò dantur electrica corpora, ergò datur materia quædam hanc ipsis virtutem concilians.

2°. Materia electrica est materia quædam

fubtiliffima & fluidiffima ; penetrat enim intra corpora denfiffima, qualia funt metalla,
lapides &c.

3°. Materia electrica eft materia ignea ;
quoniam, materiæ hujus ope , inflammatur fpiritus vini , accenditur candela &c.

4°. Materia electrica non eft homogeneæ
denfitatis ; dantur enim corpora quæ funt
alia aliis magis electrica.

5°. Omne corpus electricum, five per
frictionem, five per *communicationem* virtutem
hanc conceperit, emittit ex finu fuo ignea
corpufcula, quorum plurima in modum
athmofphæræ fefe difponunt. Et verò eo
prorsùs modo formatur athmofphæra corporum electricorum, quo formatur athmofphæra corporum odoriferorum. Sed athmofphæra corporum odoriferorum per veram
emiffionem efformatur. Ergò per veram emiffionem pariter efformatur athmofphæra corporum electricorum.

6°. Tot ignea corpufcula affluunt versùs corpus electricum, quot effluxerant ex
ipfius finu. Suam enim electricitatem non
amittit globus vitreus, poft frictiones innu-
meras & jacturas immenfas quas paffus eft ;
ergò jacturas fuas evidenter reparat. Non
poteft autem corpus electricum refarcire
jacturas, quin tot ignea corpufcula versùs
ipfum affluant, quot effluxerant ex ipfius
finu ; ergò &c.

Jam verò quod fpectat ad Principia quæ
nobis funt hac in re peculiaria, illa funt numero quinque. **T 3**

1°. Pars aliqua tantùm igneorum corpufculorum ex vitreo globo siccâ manu fricato
exeuntium, ingreditur ferreum tubum electricæ machinæ; pars alia verò eorumdem
corpusculorum sese communicat vel aëri,
vel corporibus hinc indè circumstantibus.
Constat enim experientiâ non solùm electricæ machinæ tubum, sed & ipsum vitrei
globi fricatorem vim electricam sensibiliter
concipere, dummodò super placentam resinaceam constituatur. *Consule epistolam secun-*
dam hujus operis.

2°. Ignea corpuscula quæ exeunt ex sinu
vitrei globi, & quæ tubum ferreum electricæ machinæ non ingrediuntur, reddunt
initialiter electrica ea omnia corpora quæ
machinam hinc indè circumdant, etiamsi
super resinam, aut vitrum, aut simile quid-
piam non constituantur, dummodò sint hæc
corpora *per communicationem* electrica. Et
verò Fricator super placentam resinaceam
aut vitream constitutus, *sensibiliter* seu *per-*
fectè electricus redditur per ignea corpufcula quæ exeunt ex sinu vitrei globi, &
quæ tubum ferreum electricæ machinæ non
ingrediuntur; ergò per hæc eadem corpufcula *imperfectè* seu *initialiter* electricus reddi
debet Fricator idem in pavimento positus;
retinet enim in hoc situ veram & expedi-
tam potentiam electricitatem recipiendi per
viam communicationis.

Quòd autem de Fricatore posito in pavimento dicitur, hoc & dicatur proportio-

naliter de corporibus hinc indè machinam circumdantibus, quæ funt *per communicationem* electrica, & quæ fuper refinam aut vitrum non collocantur. *Confule epiftolam tertiam hujus operis.*

3°. Circumdantur athmofphærâ densâ corpora *perfectè* feu *totaliter* electrica; & athmofphærâ rarâ, corpora *imperfectè* feu *initialiter* electrica : denfitas enim athmofphæræ electricæ eft in ratione directâ electricitatis corporum.

4°. Multa ignea corpufcula ex finu vitrei globi exeuntia, in ipfum globum continuò redeunt propter refiftentiam & elaterium ambientis aëris. Eam ob caufam vividior eft vis electrica tempore frigido & ficco, quàm calido & humido tempore : eamdem etiam ob caufam vividior eft electricitas in pleno, quàm in vacuo.

Hinc fequitur igneorum corpufculorum ex finu vitrei globi *effluentiæ* refpondere fimultaneam quamdam versùs eumdem globum *affluentiam*, partim eorumdem, partim fimilium corpufculorum, quæ fuppeditantur ab aëre, & circumftantibus corporibus.

5°. Senfibilis tantùm eft, non verò realis & phyfica, fimultaneitas *effluentiæ* & *affluentiæ* corpufculorum igneorum. Non datur enim, etiam in athmofphærâ terreftri, *plenum perfectum*; quod evidenter requireretur ad *fimultaneitatem* illam realem & phyficam ftabiliendam. Quibus præmiffis, fit.

T 4

PROPOSITIO UNICA.

In Sententia modò tradita rectè exponuntur electricitatis phænomena.

Prob. Enumeratione sequenti, revocando scilicet ad causas suas physicas experimenta præcipua quæ fuerunt in articulo secundo quæstionis hujus relata.

EXPLICATIO EXPERIMENTI PRIMI.

Ex globo vitreo siccâ manu fricato, & motu circulari donato, exeunt ignea corpuscula, quorum alia ingrediuntur ferreum tubum, funiculorum sericorum ope suspensum horisontaliter, alia verò sese communicant aëri & corporibus hinc indè circumstantibus. Per hanc emissionem *totaliter* electricus redditur ferreus tubus horisontaliter suspensus, & *initialiter* tantùm electrica redduntur aër & corpora hinc indè circumstantia. Quo supposito, sic ratiocinor : cùm versùs tubum ferreum *totaliter* electricum admoveo digitum *initialiter* dumtaxat electricum, tum, juxta leges æquilibrii, debet athmosphæra electrica densa tubum ferreum circumdans deferri versùs athmosphæram electricam raram digitum meum ambientem, non secus ac aër exterior fertur in cubiculum cujus fuit aër interior igne accenso rarefactus. In eâ mixtione conflictus vehemens existit inter materiam electricam tubum ferreum circumdantem, & materiam electricam ambientem digitum; atque per hunc conflictum excitatur flammula cærulea cum crepitu profiliens. *Confule epiftolam quartam hujus operis.*

EXPLICATIO EXPERIMENTI SECUNDI.

Tubus machinæ electricæ, filum ferreum quod manu tenetur, & homo fuper placentam refinaceam collocatus funt tria corpora *per communicationem* electrica, quorum ultimum feparatur, ope refinæ, à pavimento *per communicationem* electrico; ergò, cùm imprimitur globo vitreo ficcâ manu fricato motus aliquis rotationis, debent tubus, filum ferreum, & homo fuper placentam refinaceam collocatus vim electricam concipere maximam: debet & dolorem fenfibilem procreare flamma cærulea ex corpore viventi excitata; quis enim non videt flammam hanc cæruleam effe verum & propriè dictum ignem?

EXPLICATIO EXPERIMENTI TERTII.

Admittimus & nofmetipfi *fimultaneam* quamdam *effluentiam* particularum ignearum ex finu corporum electricorum, & *affluentiam* particularum ignearum versùs eadem electrica corpora. Per particulas igneas *affluentes* attrahuntur corpora quæcumque levifſima versùs electrica corpora, & per particulas igneas *effluentes* repelluntur corpora quæcumque levifſima ab iifdem cor-

poribus electricis; ergò in noſtrâ ſententiâ
rectè exponuntur itus & reditus leviſſimo-
rum corporum.

EXPLICATIO EXPERIMENTI QUARTI.

Violenta commotio de quâ fit mentio in
experimento quarto, probabiliter oritur à
conflictu vehementi duorum profluviorum
igneorum, quorum unum ingreditur per manum quæ partem inferiorem lagenæ vitreæ
ſuſtinet, alterum verò per manum quæ flammam excitat ex filo ferreo. *Conſule epiſ-
tolam quintam hujus operis.*

EXPLICATIO EXPERIMENTI QUINTI.

Conflictus vehemens duorum profluviorum igneorum quorum unum viam habet
per filum ferreum, alterum verò per tubum
electricum, cauſa eſt cur maximo cum
fragore perforetur charta denſiſſima de quâ
fit mentio in experimento quinto.

EXPLICATIO EXPERIMENTI SEXTI.

Nubes fulmen in ſinu ſuo deferens eſt
corpus actu electricum, quemadmodum ex-
ponetur inferiùs; ergò ſcintillæ debent excitari ex virgâ ferreâ de quâ agitur in experimento ſexto.

EXPLICATIO EXPERIMENTI SEPTIMI.

Pars aliqua corpuſculorum igneorum ex
vitreo globo ſiccâ manu fricato exeuntium,

ſeſc communicat corporibus machinam electricam circumſtantibus; ergò vim electricam ſenſibilem Fricator concipere debet,
dummodò ſit ſuper placentam reſinaceam
conſtitutus. Debet & Fricator idem flammam excitare ex tubo ferreo ad quem digitum admovet; in illo enim vis electrica
multò debilior eſt, quàm in tubo ferreo.

Solvuntur Argumenta oppoſita.

Obj. 1°. Explicatio primi experimenti non
eſt in hâc ſententiâ novâ conformis legibus
ſanæ Phyſicæ, ergò rejicienda eſt hæc ſen-
tentia. Prob. ant. Si tubus ferreus per funiculos ſericos ſuſpenſus vim electricam concipit propter cauſas aſſignatas, pariter &
vim electricam concipere debet tubus idem
ferreus per funiculos cannabinos ſuſpenſus;
falſ. cquens, ergò & ant. prob. ſeq. tàm
communicat cum globo vitreo tubus ferreus
per funiculos cannabinos ſuſpenſus, quàm
cùm ſuſpenditur per funiculos ſericos; ergò
ſi &c.

Reſp. ad 1. *neg. ant. ad* 2. *neg. ſeq. ad*
3. *diſt. ant.* Tàm & eodem modo communicat cum globo vitreo tubus ferreus per
funiculos cannabinos ſuſpenſus, quàm cùm
ſuſpenditur per funiculos ſericos, neg. ant.
Tàm & modo longè diverſo communicat
tubus ferreus &c. conc. ant & neg. cquam.
Tubus ferreus per funiculos ſericos ſuſpenſus, ità concipit vim electricam, ut illam
omninò aut quaſi omninò retineat; ſuſpen-

ditur enim ope funiculorum *per se electri-corum.* Contrà verò tubus ferreus per funiculos cannabinos suspensus, ità concipit vim electricam, ut illam magna ex parte amittat; suspenditur enim per funiculos qui sunt *per communicationem* electrici.

Inst. 1. Si versùs tubum ferreum electricâ virtute donatum admoveatur obsignatoria cera, nulla omninò excitatur scintilla. Quo supposito, sic ratiocinor: ex hâc sententia nova sequitur quòd in eo casu flammula cum crepitu debeat excitari ex tubo ferreo; fals. experientiâ cquens, ergò & ant. Prob. seq. Obsignatoria cera non longè distans ab electrica machina, fieri debet *initialiter* electrica; ergò ex hac nova sententia sequitur &c. Prob. ant. Ferrum quodcumque non longè distans ab electrica machina, sit *initialiter* electricum; ergò à pari obsignatoria cera non longè distans ab electrica machina, fieri debet *initialiter* electrica.

Resp. ad 1. *Admitto experientiam & neg. seq. ad* 2. *neg. ant. ad* 3. *conc. ant. & neg. cquam & paritatem.* Ferrum non longè distans ab electrica machina acquisivit athmosphæram electricam raram; est enim ferrum *per communicationem* electricum: contrà verò obsignatoria cera *per affrictum* dumtaxat electrica, nullam acquirit athmosphæram electricam, quamvis non distet ab electrica machina.

Inst. 2. Ex hac sententia nova saltem sequitur quòd flammula debeat excitari ex tubo ferreo electrico versùs quem admovetur obsignatoria cera ficciori manu fricata; falf. experientiâ cquens, ergò & ant. Prob. feq. Obsignatoria cera ficciori manu fricata, athmofphæram electricam acquifivit; ergò ex hac nova fententia fequitur &c.

Refp. 1°. *ad* 1. *neg. feq. ad* 2. *dift. ant.* Obfignatoria cera ficciori manu fricata athmofphæram electricam acquifivit, quæ æquè denfa eft, ac athmofphæra tubi ferrei electrici conc. ant. quæ rarior eft quàm athmofphæra tubi ferrei electrici neg. ant. & cquam. Flammula non excitatur, nifi per mixtionem athmofphæræ denfæ cum athmofphæra rara; ergò flammula non debet excitari, cum admovetur cera *totaliter* electrica versùs tubum ferreum *totaliter* electricum.

Refp. 2°. *ad* 2. *dift. ant.* Obfignatoria cera ficciori manu fricata, athmofphæram electricam acquifivit heterogeneam cum athmofphæra tubi ferrei electrici, conc. ant. homogeneam, neg. ant. & cquam. Quamvis materia electrica pura fit eadem in omnibus omninò corporibus, nihilominùs tamen athmofphæra ceræ electricæ, & athmofphæra tubi electrici poffunt effe heterogeneæ; componuntur enim duæ iftæ athmofphæræ ex materia electrica mixta. Si heterogeneæ funt duæ prædictæ athmofphæræ, erunt immifcibiles, eo prorsùs modo quo immifcibilia funt oleum & aqua. Si im-

miscibiles funt, non excitabitur fcintilla,
cùm admovebitur electrica cera versùs tubum ferreum electricum.

Inft. 3. Saltem in hac nova fententia non
explicatur cur ex tubo ferreo electrico cum
crepitu quodam flammula foleat excitari;
ergo tanquam infufficiens rejicienda eft hæc
nova fententia. Prob. ant. Mixtio materiæ
electricæ tubum ferreum circumdantis &
materiæ electricæ digitum ambientis deberet fieri fine crepitu; ergo &c. Prob.
ant. Duæ flammæ contiguæ fefe immifcent
fine crepitu; ergo à pari duæ athmofphæræ
electricæ fefe deberent fine crepitu im-
mifcere.

Refp. ad 1. *neg. ant. ad* 2. *neg. ant. ad*
3. *conc. ant. & neg. cquam & paritatem.*
Duæ athmofphoræ electricæ de quibus loquimur, expellunt aerem intermedium, vel
nullo modo, vel mediocriter dumtaxat di-
latatum, ac proindè expellunt aerem crepitum edendi capacem. Contrà verò duæ
flammæ contiguæ fefe immifcentes expellunt aerem nimis rarefactum, quàm ut
crepitum edere queat.

Obj. 2. Experimenti fecundi explicatio
non videtur effe conformis Phyficæ legibus;
ergo rejicienda eft. Prob. ant. Hæc explicatio fupponit hominem fuper placentam
refinaceam conftitutum eodem præcisè inf-
tanti concipere virtutem electricam, five
placenta refinacea multùm, five parum dif-
tet ab electricâ machinâ; atqui hoc non

conforme videtur Physicæ legibus ; ergo experimenti secundi explicatio non videtur esse conformis Physicæ legibus. Prob. min. Juxta Physicæ leges, non debet electrica materia ex globo vitreo exiens eodem tempore spatia diversa percurrere, ergò &c.

Resp. ad 1. *neg. ant. ad* 2. *conc. maj. & neg. min. ad* 3. *dist. ant.* Juxtà Physicæ leges, non debet electrica materia ex globo vitreo exiens eodem tempore spatia diversa percurrere, eodem, inquam, tempore reali c. ant. eodem tempore sensibili, subdistinguo, supponendo quòd spatia differant aliquot millibus leucarum c.; supponendo quòd spatia differant aliquot pedibus, aut etiam aliquot leucis N. ant. & cquam. Incredibili quâdam velocitate donatur electrica, seu ignea materia; debet igitur hæc materia eodem sensibiliter tempore ad pedem centesimum & ad pedem vigesimum pervenire.

Inst. Ex hac sententia nova sequitur quòd homo super placentam resinaceam more solito collocatus, deberet posse flammam excitare ex tubo ferreo electrico, quocum communicationem habet ; falsum experientiâ cquens, ergò & antec. Prob. seq. Homo pavimento innixus flammulam excitat ex tubo ferreo, quocum non communicat ; ergo à pari homo super placentam resinaceam collocatus deberet posse flammulam excitare ex tubo ferreo, quocum habet communicationem.

Resp. ad 1. *neg. seq. ad* 2. *conc. ant. &
neg. cquam & paritatem.* Homo super placentam resinaceam collocatus æquè electricus est ac tubus ferreus, ac proindè cir-
cumdatur athmosphærâ electricâ æquè densâ,
ac athmosphæra ferrei tubi. Contrà verò
homo pavimento innixus *initialiter* tantùm
est electricus, & consequenter circumda-
tur athmosphærâ electricâ rarâ, intereàdum
ferreus tubus cingitur athmosphærâ electricâ densâ; ergo, juxtà principia superiùs
exposita, debet hic ex tubo ferreo aliquam,
ille verò nullam flammulam excitare.

At inquies. Quonam mechanismo inflammatur spiritus vini, de quo fit mentio in
annotatione 3ª. experimenti 2ⁱ.

Resp. Eodem prorsùs modo inflammatur
spiritus vini, quo ex tubo ferreo flammula
quædam excitatur.

Obj. 3°. Non datur in hâc novâ sententiâ causa physica *affluentiæ* particularum ignearum versùs corpora actu electrica; ergo
admittenda non est explicatio experimenti
tertii. Prob. antec. Antequam imprimeretur
globo vitreo motus aliquis rotationis, materia electrica quæ reperiebatur in aere,
non affluebat versùs globum vitreum aut
versùs tubum ferreum; ergò neque affluere
debet, postquam vitreo globo fuit motus
aliquis rotationis impressus.

Resp. ad 1. *neg. ant.* Datur in athmosphærâ inferiori *plenum* sensibile, & aer est
elasticus. Quibus præsuppositis, sic ratiocinor.

nor. Globus vitreus fieri non poteft electricus, quin ignea multa corpufcula ex finu
fuo emittat, & quin novum motum acquirat materia electrica quæ reperitur in
aere & in corporibus machinam electricam
hinc indè circumftantibus. Hæc autem omnia non poffunt accidere, quin, propter
aerem elafticum & propter *plenum* fenfibile,
effluentiæ particularum ignearum ex finu vitrei globi, correfpondeat *affluentia* earumdem aut fimilium particularum ignearum
versùs eumdem globum vitreum. Quod de
globo vitreo dictum eft, hoc de tubo ferreo dicatur proportionaliter ; ergo in hac
nova fententia datur caufa phyfica particularum ignearum versùs electrica corpora.

Ad 2. conc. ant. & neg. cquam & parita-
tem. In primo cafu jacturam nullam pa-
tiebatur vitreus globus, & novum motum
non acceperat electrica materia quæ reperitur in aere & in corporibus machinam
electricam hinc indè circumftantibus. In
fecundo autem cafu immenfam quafi jacturam particularum ignearum patitur vitreus globus; & novum motum acquifivit
electrica materia quæ reperitur in aere &
in corporibus machinam electricam hinc
indè circumftantibus.

At inquies. Quænam eft caufa phyfica
effluentiæ particularum ignearum ex finu vitrei globi ficcâ manu fricati ?

Refp. Effluentia hæc debetur frictioni
junctæ motui rotationis.

V

Dices iterùm. Quânam igitur de causâ ex globo metallico siccâ manu fricato, & vehementissimo motu rotationis donato non effluunt igneæ particulæ ?

Resp. Exiftit phænomeni hujus caufa gemina : 1°. multò pauciora funt ignea corpufcula in metallis & in corporibus *per communicationem* electricis, quàm in vitro & in corporibus electricis *per se*. 2°. Habent probabiliter metalla partes rigidiufculas quibus frictio motum hunc non imprimit ex quo enafcitur corpufculorum igneorum *effluentia*.

Obj. 4. Ex hâc novâ fententiâ fequitur quòd, fi filum ferreum de quo fit mentio in experimento 4°., includeretur in lagenâ metallica, commotio foret multò vehementior, quàm cùm filum ferreum includitur in lagenâ vitreâ ; falf. experientiâ cquens, ergò & antec. prob. feq. Si filum ferreum includeretur in lagenâ metallicâ, profluvium igneum ingrediens per manum quæ partem inferiorem lagenæ metallicæ fuftinet, multò majus foret, quàm cum experientiâ fit ope lagenæ vitreæ ; ergò ex hâc novâ fententiâ fequitur &c. prob. ant. Electrica materia multò facilius permeat lagenam metallicam, quàm lagenam vitream ; ergò fi &c.

Resp. ad 1. *neg. ant. ad* 2. *neg. ant. tanquam falfum fupponens.* Filum ferreum inclufum in lagenâ metallicâ, non fieret fenfibiliter electricum ; per poros enim metalli evaporaretur materia electrica filo fer-

reo communicata. Hinc ad tertium c. ant.
& N. cquam.

Obj. 5. Non datur in hac novâ fententiâ
caufa phyfica fragoris de quo fit mentio in
experimento 5°, ergò ex hac parte fententia noftra peccat. Prob. ant. Conflictus vehemens duorum profluviorum electricorum
non deberet fragorem tantum excitare,
ergò non datur &c.

Refp. ad 1. *neg. ant. ad* 2. *dift. ant.* Conflictus vehemens duorum profluviorum electricorum in loco aere vacuo fragorem tantum non deberet excitare, C. ant. Conflictus vehemens duorum profluviorum electricorum quæ rarefaciunt & expellunt aerem
intermedium, fragorem tantum non deberet excitare N. ant. & cquam. Revocentur
in memoriam ea quæ fpectant ad fonum,
& evanefcet difficultas.

Obj. 6. Nubes fulmen in finu fuo deferens, non eft corpus electricum, ergò non
valet explicatio experimenti fexti. Prob. ant.
Nubes fulmen in finu fuo deferens, eft
corpus aqueum; ergò hæc nubes non eft
corpus electricum.

Refp. ad 1. *neg. ant. ad* 2. *dift. ant.* Nubes fulmen in finu fuo deferens, eft corpus aqueum totaliter N. ant. partialiter
tantùm C. ant. & N. cquam. Nubes fulmen in finu fuo deferens, eft corpus conftans particulis aqueis, fulphureis, bitumi-
nofis, nitrofis &c. Exponemus in articulo
fulminis quonam mechanifmo nubes hæc vim
electricam acquirat.   V. 2

Obj. 7. Ex hac nova sententia sequitur quòd Fricator de quo fit mentio in experimento 7°, non deberet flammam excitare ex tubo ferreo ad quem digitum suum admovet; falsum experientiâ cquens, ergò & antec. Prob. seq. Homo super placentam resinaceam more solito collocatus, flammam non excitat ex tubo quocum communicat per filum ferreum; ergò à pari Fricator super placentam resinaceam collocatus, flammam non debet excitare ex tubo ferreo quocum per globum vitreum communicationem habet.

R. Ad 1. *N. seq. ad* 2. *C. ant. & N. cquam & par.* Homo super placentam resinaceam more solito collocatus, tàm est electricus, quàm tubus ferreus quocum per filum ferreum communicat. Contrà verò Fricator multò minùs est electricus quàm tubus ferreus, licet constituatur super placentam resinaceam; ergo debet hic ex tubo ferreo aliquam, ille verò nullam flammulam excitare.

Quæres 1°. Quânam de causâ vis electrica debilis est humido aut calido tempore, & vis eadem electrica vividior est tempore sicco aut frigido.

Resp. Humido aut calido tempore, aer multò minùs est elasticus, quàm tempore sicco aut frigido; ergo, tempore sicco aut frigido, debent ignea corpuscula ex sinu corporis electrici primùm emissa, meliùs in idem corpus repercuti; quàm cùm tempus

eſt humîdum aut calidum ; ergo vis electrica debet vividior eſſe tempore ſicco , aut
frigido, quàm tempore humido aut calido.

Quæres 2°. Quânam de causâ homo *initialiter* electricus ſcintillam vividam excitat
ex tubo .ferreo ad quem digitum ſuum admovet, & idem homo flammam debilio-
rem excitat ex globo vitreo ad quem digitum eumdem admovet.

Reſp. Phænomenum hoc nobis indicare
videtur materiam electricam .multò purio-
rem exire ex globo vitreo , quàm ex tubo
ferreo.

Quæres 3°. Utrum .materia electrica poſ-
ſit eſſe contra paralyſim remedium præſens.
Narratur enim non modò Paralyticum unum
Genevæ à Domino Jallabert , ſed etiam Pa-
ralyticos multos Monſpelii fuiſſe à Domino de Sauvages curatos ope electricæ
machinæ.

Reſp. Affirmativè. Et verò , juxtà Medi-
cos, paralyſis eſt ſenſûs & motûs, vel al-
terutrius in unâ corporis parte , vel pluribus partibus privatio , cum laxitate nervorum in partibus affectis. Laxitatem hanc
plerumque inducit obſtructio quædam facta
in tubulis nervorum. Materia electrica eſt
materia quædam ignea ſubtiliſſima quæ donatur motu velociſſimo. Debet hic ignis ſeſe
inſinuare per poros materiæ tubulos nervorum obſtruentis, paulatim & quaſi ſenſim
ſine ſenſu obſtructionem omnem diſſipare ,
& conſequenter præſens eſſe remedium contra paralyſim.

Quæres 4°, Quid fint Phofphori.

Refp. Phofphori omnes jure fpectantur à recentioribus Phyficis tanquam corpora *per affrictum* electrica. Hinc 1°. phofphorus artificialis ex fulphureis & falinis urinæ partibus conftans, non modò corufcare debet in tenebris, fed & partium affrictu accendi, ac obvia corpora comburere.

Hinc 2°, mare agitatum, faccharum celeri motu concuffum, ligna putrida, fquammæ pifcium, cùm putrefcere incipiunt &c. fcintillas emittere debent.

Hinc 3°, certa barometra lucent, cùm agitantur in tenebris.

Hinc 4°, fcintillas habebis, fi dorfa felium pilis adverfis fricueris.

COROLLARIUM I.

De Tonitru prout Electricitati connexo.

Tria diftinguamus in Tonitru, fulgur nempè, fragorem & fulmen. Repentina corufcatio fubitò perftringens oculos, nomen habet *fulguris.* Sonus quidam horridus in athmofphærâ boans & reboans dicitur *fragor.* Denique accenfa quædam exhalatio quæ fæpè ingenti cum ftrage ad terram ufque detruditur, vocatur *fulmen.* Quænam fint caufæ phyficæ fulguris & fragoris, id facilè determinabimus, poftquam fedulò perpenderimus undenam oriatur fulmen. Sit itaque.

PROPOSITIO PRIOR.

Materia electrica est caufa physica fulminis.

Demonstratur experientiâ fequenti quam in quæftione præcedenti retulimus , & quam hic in probationem afferre neceffe eft. Super tectum alti cujufdam ædificii conftituatur placenta refinacea aut vitrea. Hanc fuper placentam perpendiculariter erigatur tubus aliquis ferreus ; experientiâ conftat quòd fi nubes aliqua , fulmen in finu fuo deferens, tubo huic ferreo fuperimmineat , ex illo excitabuntur fcintillæ, eodem prorsùs modo , ac fi tubus hic ferreus , funiculorum fericorum ope fufpenfus horifontaliter , communicationem habuiffet cum vitreo globo eximiæ cujufdam electricæ machinæ ; ergo materia electrica eft caufa physica fulminis. *Confule nonam hujus operis epistolam.*

PROPOSITIO POSTERIOR.

Particulæ bituninofæ , fulphureæ , nitrofæ &c. funt alimenta fulminis.

Demonftratur. 1°. Ibi fulmen eft frequens , ubi reperiuntur fodinæ fulphuris , bituminis, nitri &c. ; ergo particulæ bituminofæ , fulphureæ, nitrofæ &c. funt alimenta fulminis.

2°. Si quis verfetur in loco qui , cafu quodam mifero, fuerit fulmine tactus , is bituminis , fulphuris & nitri tetrum fpirabit odorem ; ergo particulæ bituminofæ , ful-

phureæ, nitrofæ &c. funt alimenta fulminis.

Solvuntur oppofita argumenta.

Obj. 1. Si materia electrica foret caufa
phyfica fulminis, fequeretur quòd nubes
fulmen in finu fuo deferens effet actu electrica, falfum confequens, ergo & ant. Prob.
min. Nihil eft quod nubem hujufmodi red-
dat electricam; ergo falfum eft quòd actu
electrica fit nubes fulmen in finu fuo deferens.

Refp. ad 1. *conc. feq. & neg. min. ad* 2.
neg. ant. Particulæ bituminofæ, fulphureæ
& nitrofæ per actionem folis in athmofphæram terreftrem elevatæ, reddunt electricam nubem quam videmus fulmen in finu
fuo deferentem.

Inft. Particulæ fulphureæ, bituminofæ &
nitrofæ de quibus hic agitur, non funt in
ftatu actuali electricitatis; ergo non poffunt electricam reddere nubem quæ fulmen
defert in fuo finu. Prob. ant. Particulæ bituminofæ, fulphureæ & nitrofæ quæ ele-
vantur in athmofphæram terreftrem, frictionem nullam patiuntur; ergo non funt in
ftatu actuali electricitatis.

Refp. ad 1. *neg. ant. ad* 2. *dift. ant.* Particulæ bituminofæ & nitrofæ quæ elevan-
tur in athmofphæram terreftrem, frictionem
nullam patiuntur, neque patiuntur aliquid
quod æquivaleat frictioni, neg. ant. Sed
patiuntur aliquid quod æquivaleat frictioni,
conc.

conc. ant. & neg. cquam. Sæpè accidit ut
particulæ bituminofæ, fulphureæ & nitrofæ,
regnantibus ventis contrariis, eleventur in
athmofphæram terreftrem. Hæ particulæ,
jam calidæ, maximam tunc patiuntur agi-
tationem. Frictioni validiffimæ æquivalet
hæc agitatio; ficque facilè pervenitur ad
ftatum actualis electricitatis.

Non poteft autem nubes aliqua bitumen,
fulphur & nitrum actu electricum in finu
fuo continere, quin pars ipfius aquea fiat
per communicationem electrica. Ea igitur fola
nubes fulmen in fuo finu defert, quæ eft
actu electrica; & ea fola nubes eft actu
electrica, quæ continet particulas bituminofas, fulphureas & nitrofas, regnantibus
ventis contrariis, in athmofphæram terreftrem elevatas.

Obj. 2. Multa funt phænomena fulmen
fpectantia quæ non poffunt exponi in fententiâ propofitâ, ergo rejicienda eft hæc
fententia. Prob. ant. Non poteft exponi in
hâc fententiâ quænam fit caufa phyfica fulguris; ergo &c. Prob. ant. Non datur in
regione nubium conflictus athmofphæræ
electricæ denfæ cum athmofphærâ electricâ
rarâ; ergo non exponitur in hâc fententiâ
quænam fit caufa phyfica fulguris.

Refp. ad 1. *neg. ant. ad* 2. *neg. ant. &*
expono phænomenum propofitum. Cùm nubes
minùs electrica fertur in nubem magis electricam, tum fulgur habetur eodem prorsùs
mechanifmo, quo excitatur electrica fcin-

X

tilla de quâ loquebamur in experimento primo quæſtionis præcedentis.

Ad 3. neg. ant. Nubes fulmen in ſuo ſinu deferens, eſt corpus *totaliter* electricum, & conſequenter corpus athmoſphærâ electricâ denſiſſimâ circumdatum, quod reddit *initialiter* electricas nubes vicinas quæ fulmen in ſinu ſuo non habent ; ergo in ſententiâ propoſitâ dari poteſt, & re verâ datur in regione nubium conflictus athmoſphæræ electricæ denſæ cum athmoſphærâ electricâ rarâ.

Inſt. 1. Ex dictis ſequitur quòd nullum fulgur eſſe deberet, cùm nubes *totaliter* electrica habet in vicinia ſua nubes *totaliter* electricas ; durum conſequens ergo & antec.

Reſp. diſt. ſeq. Ex dictis ſequitur quòd nullum fulgur eſſe deberet, cùm nubes *totaliter* electrica habet in vicinia ſua nubes *totaliter* electricas, ſi nubes omnes eumdem habeant gradum *totalis* electricitatis, conc. ſeq. ſi gradum habeant diverſum *totalis* electricitatis, neg. ſeq. & ſic diſtinctâ minore, neg. cquam. Fricator ſuper placentam reſinaceam conſtitutus, fit *totaliter* electricus; is tamen ſcintillam excitat ex tubo ferreo *totaliter* electrico, quia ſcilicet vis electrica multò debilior eſt in fricatore, quàm in tubo ; ergo *à pari* ex duabus nubibus *totaliter* electricis ſcintilla debet excitari, dummodo una ſit magis vel minùs electrica, quàm altera.

At inquies, Quænam eſt in ſententiâ præsenti causa physica fragoris in athmosphærâ boantis & reboantis?

Resp. Fulgur dilatat aerem contentum inter nubem magis electricam & nubem minùs electricam quæ sibi mutuò occurrunt. Hic aer subitò dilatatus comprimit aerem vicinum. Aer vicinus, eximio elaterio donatus, sese restituit in primam suam figuram, atque sese restituendo, fragorem horridum excitat quem audimus in athmosphæra boantem & reboantem.

Ex hâc explicatione physicâ hæc necessariò sequuntur, 1°., nonnumquam dari debent fulgura, quin fragor audiatur; cùm scilicet vel nimiùm distamus à loco in quo versatur nubes electrica, vel cùm aer contentus inter nubem magis electricam & nubem minùs electricam, sufficientem non acquisivit dilatationem.

2°. Nonnunquam audiri debet fragor, quin fulgur habeatur; quod accidit cùm terram inter & nubem electricam reperitur nubes aliqua crassior; nubes enim hujusmodi radios luminis absorbet ex quibus fulgura constant.

3°. Non raro judicare debemus sonum intrà nubium viscera quasi discurrere; sonus enim sæpè reflectitur vel à diversis nubium partibus, vel à diversis montibus & cautibus. &c.

4°. Fragor non auditur ex magnâ distantiâ; sonus enim, non secus ac motus, per communicationem amittitur.

5°. Facilè cognosci potest quantùm distet à nobis nubes quæ fulmen in sinu suo continet. Et verò lumen fulguris ad nos usque, intrà spatium insensibile temporis, transmittitur; sonus autem, intrà unum minutum secundum temporis, 173 exapedas parisinas tantummodò percurrit. Si igitur fulgur inter & fragorem numerentur quatuor minuta secunda temporis, indè inferetur evidenter nubem electricam 692 exapedis parisinis à nobis esse distantem.

6°. Si fragor audiatur eodem instanti præcisè quo micat fulgur, tùm inferendum erit proximiorem esse nubem electricam.

Dices iterùm, Quandonam & quânam de causâ frangitur nubes fulmen in sinu suo deferens?

Resp. Tùm frangitur nubes fulmen in sinu suo continens, cùm validior est ventus qui fert nubem minùs electricam contrà nubem magis electricam, vel cùm vividior est electricitas quæ viget intrà nubis electricæ viscera. Neque profectò ullus existet qui vim & efficaciam hujus ultimæ causæ revocet in dubium; nemo enim nescit nimiam propter electricitatem, hiberno præcipuè tempore, confractos fuisse vitreos globos; ergo *à fortiori* nimiam propter electricitatem sæpiùs frangi debent electricæ nubes.

Ex dictis hæc sequuntur evidenter. 1°. Exhalationes bituminosæ, sulphureæ & nitrosæ quæ reperiuntur intrà viscera nubium electricarum, & quæ sunt alimenta fulminis, accenduntur per ignem electricum.

2°. Ex iis exhalationibus aliæ funt craffæ, aliæ tenues. Exhalationes craffæ agunt in corpora quorum ampliores funt pori, & intacta relinquunt corpora quorum pori arctiores funt. Eam ob causam fulmina quædam nonnunquam vaginam, intacto enfe, confumpfere. Tenues autem exhalationes agunt in fola corpora compacta. Exhalationibus hujus fpeciei conftabant fulmina quæ liquaverunt enfem, intactâ vaginâ.

Dices denique, Undenam oritur vis ftupenda exhalationis accenfæ?

Refp. Oritur vis ftupenda exhalationis accenfæ, primùm ab ipfa velocitate ignis, quam incredibilem effe norunt omnes; deinde ab ipfo elaterio aeris qui reperitur intrà particulas fulphureas, bituminofas & nitrofas ex quibus exhalatio conftat.

Hìc autem eft diligenter annotandum non omne fulmen, feu non omnem exhalationem accenfam in terram decidere. Ea tantùm exhalatio cadit, cui nubes fuperiores refiftentiam majorem opponunt, quàm nubes inferiores.

Inft. 2. In fententiâ propofitâ exponi non poteft undenam oriatur lapis fulmineus; ergo funt phænomena fulmen fpectantia quæ in hâc fententiâ non poffunt exponi. Prob. ant. Lapis neque eft materia, neque alimentum fulminis; ergo &c.

Refp. Nego totum hoc argumentum tanquam falfum fupponens. Quæcumque narrantur de

X 3

lapide fulmineo, hæc habentur à viris fa-
nis tanquam aniles fabulæ. Lapis fulmineus nihil est aliud quàm lapis existens
in loco ad quem fulmen pervenit, & ab
accensâ exhalatione sensibiliter immutatus.

Hæc circa tonitru tradenda habuimus.
Jam verò postulat naturalis ordo ut pauca
dicamus de terræ motibus, quibuscum tonitru videtur magnam analogiam habere.

COROLLARIUM II.

De terræ motibus prout ab Electricitate pendentibus.

Si quis unquam in dubium revocaverit
diversos terræ tractus validis aliquandò motibus succuti, is interrogare poterit miseros
Ulissiponenses quorum urbs præclara fuit,
violentam propter terræ concussionem, die
primâ Novembris anni 1755, non solùm
subversa, sed & quasi absorpta. Ut autem
funesti hujus phænomeni causas physicas
certiùs & faciliùs inveniamus, hæc mihi videntur esse necessariò præmittenda.

1°. Præter ignem quem in centro terræ
admittunt non pauci Physici, & quem ideo
centralem appellant, dantur insuper in ejus-
dem terræ sinu ignes multi subterranei. Hinc
oriuntur flammæ quas evomunt mons æt-
næus in Siciliâ, mons vesuvius in tractu
Neapolitano. &c.

2°. Sine pabulo non servantur ignes isti
subterranei. Pabulum autem ignium isto-

rum commune funt fulphur, bitumen, ni
trum, cæteraque corpora foſſilia quorum
plurima funt *per affrictum* electrica. Hinc
non mirum eſt quòd frequentes fint ſul-
phuris & bituminis fodinæ in iis terrarum
tractibus fub quibus fubterranei graffantur
ignes.

3°. Accenduntur in ipfo terræ finu particulæ fulphureæ, bituminofæ & nitrofæ
jam calidæ per motum impreffum electricæ
materiæ quam continent. Excitatur autem
hic novus motus, feu potiùs æquivalens hæc
frictio, nunc à ventis contrariis in intima
terræ viſcera per ingentes ipfius meatus pe-
netrantibus; nunc à lapide fuper acervum
materiæ combuftibilis cafu quodam inopi-
nato decidente; nunc ab electrica fcintilla
eo modo excitata, quo jam expofuimus,
fub finem fcilicet epiftolæ nonæ hujus operis &c. &c. Hinc fequitur dari corpora *per*
fe electrica inflammabilia, & corpora *per*
fe electrica non inflammabilia. Primi generis funt materiæ omnes fulphureæ, fecundi generis materiæ vitreæ.

4°. Dantur in finu terræ fpecus fubterra-
neæ, quibus ut plurimùm ingentes montium moles incumbunt.

5°. In fpecubus fubterraneis reperiuntur
ignis, aqua, aer, ità tamen ut ignis, feu
potiùs materia combuftibilis accenfa locum
inferiorem occupet, aqua verò locum medium, aer autem locum fuperiorem. His
præmiffis, & quafi totidem Principiis pofi-
fitis, fit.   X 4

PROPOSITIO UNICA.

Principiorum mox traditorum ope, rectè & fa-
cilè admodum exponuntur terræ motus.

Prob. propositio explicatione sequenti. Sit
ingens specus subterranea , cui regio vel
urbs aliqua superincumbat. In inferiori parte
hujus specûs accendantur, per ignem electricum , materiæ sulphureæ , bituminosæ ,
nitrosæ &c. Partem mediam specûs ejus-
dem aqua ; & partem superiorem ita occupet aer, ut pauca tantùm admittantur vacuola. Quibus suppositis , sic ratiocinor.

Res in hoc statu esse non possunt , quin
ab igne subterraneo incalescant aqua & aer:
incalescere non possunt aqua & aer , quin
mirum in modum rarefiant : rarefieri non
possunt, quin majorem locum occupare co-
nentur. Quò facilius igitur ab iis angustiis
sese expediant atque liberentur , proprium
carcerem attollent , ipsum disrumpent, atque
vehementi cum fragore inde erumpent ;
quid mirum igitur quòd terra validis tunc
succutiatur motibus ? Ea fuit probabiliter
causa physica non solùm violentæ hujus con-
cussionis quâ nuper subversa fuit urbs Ulis-
siponensis misera , sed etiam omnium omninò
terræ motuum de quibus ampla sit apud
Historicos mentio.

Funesti hujus phænomeni sensibilem vo-
bis præbent imaginem cuniculi militares.
Et verò si pulvere pyrio selecto cuniculum.

ínſtruas, & probè majores omnes meatus obſtruas; pulvis pyrius accenſus certum terræ tractum, non movebit modò, ſed penitus ſubvertet; ergo Principiorum traditorum ope, rectè & facilè admodum exponitur quidquid ad terræ motus attinet.

Solvuntur oppoſita Argumenta.

Obj. 1. Tota hæc explicatio terræ motuum falſum ſupponit, ergo & ipſa falſa eſt. Prob. ant. Tota hæc explicatio terræ motuum ſupponit ignes accenſos exiſtere in fundo ſubterranearum ſpecuum; atqui hoc falſum eſt; ergo tota hæc explicatio terræ motuum falſum ſupponit. Prob. min. Si exiſterent ignes accenſi in fundo ſubterranearum ſpecuum, exiſteret & aer in eodem fundo; atqui non exiſtit aer in fundo ſubterranearum ſpecuum; ergo neque ibi exiſtunt ignes accenſi. Prob. min. Aer occupat partem ſuperiorem ſpecûs; ergo non exiſtit in fundo ſubterranearum ſpecuum.

Reſp. ad 1. *neg. ant. ad* 2. *conc. maj. & neg. min. ad* 3. *conc. maj. & neg. min. ad* 4. *diſt. ant.* Omnis aer ſubterraneus occupat partem ſuperiorem ſpecûs, neg. ant. maxima pars ſubterranei aeris occupat partem ſuperiorem ſpecûs, conc. ant. & neg. æquam. Quemadmodum in excipulo machinæ pneumaticæ ex quo fuit aer exhauſtus, exiſtere nón poteſt accenſus ignis; ità à pari non exiſterent ignes accenſi in fundo ſubterranearum ſpecuum, ſi fundum hoc esset prorsùs aere vacuum. Quamvis igitur maxima pars aeris subterranei reperiatur in parte superiori specûs, non dubium est quin multus aer existat in ejus fundo.

Obj. 2. Si terræ motus penderent à causis superiùs assignatis, sequeretur quòd loca maritima non deberent esse terræ motibus magis obnoxia, quàm loca non maritima; falsum experientiâ cquens, ergo & ant. Prob. seq. In sententiâ præsenti, maris proximitas non fuit assignata tanquam una ex causis physicis terræ motuum; ergo loca maritima non deberent esse magis obnoxia terræ motibus, quàm loca non maritima.

Resp. Ad 1. *neg. seq. ad* 2. *dist. ant.* In sententiâ præsenti maris proximitas non fuit assignata directè tanquam una ex causis physicis terræ motuum, conc. ant. indirectè, neg. ant. & cquam. Mare suppeditat ignibus subterraneis materiam combustibilem; ergo loca maritima debent esse magis obnoxia terræ motibus, quàm loca non maritima.

At inquies, quomodo fieri potest ut, cùm terra tremit, tum sæpè mare intumescat.

Resp. Cùm terra tremit, sæpè maris fundum elevatur. Non mirum est igitur quòd mare tunc intumescat; non mirum est etiam quòd ipsius aquæ huc illuc in utramque partem, non sinu quodam terrarum diluvio, excurrant.

Hinc explicabis 1°, cur olim in terræ

motu aquæ tagi in utramque partem flu-
xerunt, & ficca in medio vada, non fine
fpectantium ftupore, vifa funt.

Explicabis 2°, cur in terræ motu tractus maris, abforptis undis, ficcus aliquando
remanfit; tunc enim apertis quæ fub mari
erant fubterraneis fpecubus, tantâ voragine
aquæ exhauftæ funt, ut tractus ficcus re-
manferit.

Explicabis 3°, cur intumefcentia & inun-
datio fluminum fæpè fuerit terræ motuum effectus. Et verò quoties habemus
magnum aliquem terræ motum, toties fundum maris attollitur, & ipfius aquæ intu-
mefcunt: quoties fundum maris attollitur,
toties fluminum aquæ non poffunt maris al-
veum ingredi; quod cùm accidit, tum aquæ
fluviatiles neceffariò huc illuc in utramque
partem, non fine terrarum diluvio, excur-
runt.

Explicabis 4°, cur in quibufdam terræ
motibus affurrexerint infulæ novæ. Tunc
enim aer per ignes fubterraneos dilatatus,
ità terram fub aquis delitefcentem attollit,
ut hæc eadem terra fublimior evadat aqua-
rum fuperficie. Ea fuit probabiliter origo
certarum infularum quæ in archipelago &
in oceano atlantico affurrexerunt.

Inft. 1. Si terræ motus penderent à folis caufis fuperiùs memoratis, fequeretur
quòd loca montofa frequentiores terræ motus pati non deberent, quàm loca non
montofa; falfum experientiâ cquens, ergo

& ant. Prob. ſeq. In ſententiâ præſenti montes non annumerantur inter cauſas terræ motuum; ergo loca montoſa pati non deberent frequentiores terræ motus, quàm loca non montoſa.

Reſp. ad 1. *neg. ſeq. ad* 2. *diſt. ant.* In ſententiâ præſenti montes non annumerantur directè inter cauſas terræ motuum, conc. ant. indirectè neg. ant. & cquam. Ideò loca montoſa frequentiores motus patiuntur, quia ut plurimùm ſub illo montium tumore, cavæ ſpecus reperiuntur. Porro ſpecus ſubterranea, ut ſuperiùs annotavimus, eſt conditio ſine quâ non haberetur terræ motus.

Hinc explicatur facilè cur tremat nunc major, nunc minor terræ tractus. Id præcipuè pendet à majore vel minore cavernæ profunditate & latitudine; quò profundior enim & latior eſt ſubterranea caverna, eò majus evidenter eſſe debet ſpatium terræ quod attollitur.

Inſt. 2. Ex dictis ſequitur quòd idem terræ motus non poſſet duas urbes concutere, quin & concuteret omnia loca intermedia; falſum cquens, nam ultimus terræ motus, quem *Uliſſiponenſem* vocare poſſumus, plurimas Europæ urbes aut concuſſit aut ſubvertit, nec tamen omnia loca intermedia detrimentum aliquod paſſa fuerunt; ergo & falſum eſt antecedens.

Reſp. diſt. ſeq. Ex dictis ſequitur quòd idem terræ motus non poſſet duas urbes concutere, quin & concuteret omnia loca intermedia, supponendo quòd hic terræ motus pendeat ab unico igne in unica specu subterranea accenso, conc. seq. supponendo quòd hic terræ motus pendeat à pluribus ignibus accensis in diversis specubus subterraneis, neg. seq. & sic distinctâ minore, neg. cquam. Ultimus terræ motus pendebat evidenter à pluribus ignibus accensis in diversis specubus subterraneis, quæ per venas sulphureas inter se communicabant.

Obj. 3. Multa sunt phænomena ad terræ motus pertinentia quæ non possunt exponi in sistemate præsenti; ergo insufficiens est hoc sistema. Prob. ant. enumeratione sequenti. In sistemate præsenti non videtur exponi posse phænomenum sequens : visi sunt terræ motus per quos novæ scaturigines apertæ sunt, & antiquæ scaturigines siccatæ fuerunt; ergo &c.

Resp. ad 1. *neg. ant. ad* 2. *neg. ant. & expono phænomenum propositum.* Terræ motus per quos rupti fuerunt aggeres qui priùs aquas quasi inclusas detinebant, novas scaturigines aperire debuerunt. Contrà verò terræ motus per quos novi aggeres fluentibus aquis oppositi fuerunt, antiquas debuerunt siccare scaturigines, ipsasque à pristinâ viâ, apertis aliis meatibus, avertere; ergo in sistemate præsenti rectè exponitur phænomenum propositum.

At inquies, quomodo fieri potuit ut in quibusdam terræ motibus aquæ priùs frigidæ

evaserint calidæ, in aliis vero aquæ prius
calidæ frigefactæ fuerint?

Resp. Motus omnes qui juxtà latices aliquot novum ignem accendunt, debent
aquas calefacere quæ prius erant frigidæ;
nemo autem dubitat quin per motum accendi possint materiæ combustibiles. Quo-
tiescumque vero post aliquem terræ motum
extinguuntur ignes antiqui, sive per evapo-
rationem, sive per aliam quamcumque causam extinguantur, toties frigescere debent
aquæ quas prius calefaciebant ignes recens
extincti.

Dices iterum, Quomodo ex certis terræ
motibus pestilentia procedere potuit?

Resp. In quibusdam terræ motibus exeunt
ex ipso terræ sinu exhalationes bituminosæ,
sulphureæ, nitrosæ &c. quæ inficiunt aerem;
ergo ex certis terræ motibus debuit procedere pestilentia.

COROLLARIUM III.

De Fluiditate corporum prout Electricitati connexâ.

Ea sunt corpora fluida quæ partium suarum sensibilium divisioni non resistunt, &
quorum partes insensibiles sunt in motu continuo & perturbato. Ex hâc descriptione
hæc videntur necessario sequi.

1°. Corpora fluida constant particulis exi-
guis. Si enim partes ipsorum essent majus-
culæ & crassiores, non possent huc illuc
facilè moveri.

2°. Plerumque rotunda est figura particularum ex quibus fluida constant. Et verò particulæ hujusmodi facilè separantur aliæ ab aliis ; ergo aut parum , aut nihil inter se cohærent ; ergo illas plerumque rotundas esse affirmari potest. Dixi , *plerumque* ; non enim negaverim nonnullas ex iis particulis oblongas esse , conicas nonnullas, nonnullas cilindricas aut alterius cujuscumque figuræ.

3°. Fluida communia penetrantur à fluido subtiliori , quod ab igne electrico indistinctum esse credimus. His præmissis , sit.

PROPOSITIO PRIMA.

Partes insensibiles corporum fluidorum sunt semper in motu perturbato.

Prob. Sublato motu continuo & perturbato in partibus insensibilibus corporum fluidorum , explicari non possunt pleraque naturæ phænomena ; admisso autem hoc motu , facilè admodum explicantur hæc eadem phænomena ; ergo partes insensibiles corporum fluidorum sunt semper in motu perturbato. Prob. ant. Sublato motu continuo & perturbato in partibus insensibilibus corporum fluidorum , explicari non potest , v. g. cur sales exsolvantur in aqua frigida ; cur metalla dissolvantur in aquis stygiis &c ; admisso autem hoc motu , negotium nullum facessit horum effectuum explicatio , quemadmodum vel leviter consideranti patebit ; ergo &c.

PROPOSITIO SECUNDA.

Ignis intrà fluida latitans, est causa motûs continui & perturbati quo agitantur partes insensibiles corporum fluidorum.

Prob. Motus continuus & perturbatus quo agitantur partes insensibiles corporum fluidorum repetendus est ab illo corpore cujus partes sunt semper in motu perturbato; atqui partes ex quibus ignis componitur, sunt semper in motu perturbato, ut fatentur omnes omnino Physici; ergo motus continuus & perturbatus quo agitantur partes insensibiles corporum fluidorum, repetendus est ab igne intrà hujusmodi corpora latitante.

PROPOSITIO TERTIA.

Ignis producens motum continuum & perturbatum in partibus insensibilibus corporum fluidorum, non videtur esse distinctus ab igne electrico.

Prob. Ignis augens fluiditatem corporum, non videtur esse distinctus ab igne hanc eamdem fluiditatem producente; atqui ignis electricus est ignis augens fluiditatem corporum; ergo ignis electricus est ignis hanc eamdem fluiditatem producens. Prob. min. experientiâ sequenti. Sint duo vasa perfectè æqualia A & B *fig.* 2. *tab.* 1. quæ adimpleantur eâdem aquâ. Electrica fiat aqua in vase A contenta, remaneatque non electrica aqua in vase

vafe B comprehenfa. Duobus iftis vafis fuc-
ceffivè applicetur idem fipho capillaris; experientiâ conftat quòd aqua electrica multò
velociùs fluet, quàm aqua non electrica;
feu, quod idem eft, experientiâ conftat
quòd aqua electrica fluidior erit, quàm aquà
non electrica ; ergo ignis electricus eft
ignis augens fluiditatem corporum.

Solvuntur oppofita argumenta.

Obj. 1. Si corpora fluida femper effent
in motu perturbato, fequeretur quòd omnia
fluida forent fenfibiliter calida ; falfum
cquens, ergo & ant. Prob. feq. Natura
caloris fenfibilis confiftit in motu perturbato partium corporis calidi ; ergo fi &c.

Refp. ad 1. *neg. feq. ad* 2. *dift. ant.* Natura caloris fenfibilis confiftit in motu perturbato partium fenfibilium corporis calidi, conc. ant. partium dumtaxat infenfibilium corporis calidi, neg. ant. & cquam.
Motus perturbatus partium infenfibilium ca-
lorem tantummodò realem conftituit. Calor
autem fenfibilis producitur per motum perturbatum partium fenfibilium.

Inft. Si corpora fluida femper effent in
motu perturbato, numquam dici poffent effe
in quiete ; falfum cquens, ergo & ant.

Refp. dift. feq. Si corpora fluida femper
effent in motu perturbato partium fuarum
infenfibilium, numquam dici poffent effe in
quiete partium earumdem infenfibilium conc.
feq. numquam dici poffent effe in quiete

Y

partium fuarum fenfibilium , neg. feq. & fic diftinctâ minore , neg. cquam. Ea fluida quiefcere dicuntur, quorum partes fenfibiles exiftunt in quiete refpectiva.

Obj. 2. Ignis non eft in motu continuo ; ergo non eft caufa fluiditatis corporum. Prob. feq. Motus perpetuus non exiftit in rerum natura ; ergo ignis non eft in motu continuo.

Resp. ad 1. *neg. ant. ad* 2. *dist. ant.* Motus perpetuus non exiftit in rerum natura, hoc eft, non exiftit in rerum natura motus femel impreffus qui conftanter idem & in eodem præcise gradu perfeveret, conc. ant. hoc eft non exiftunt in rerum natura corpora, quæ femper fint in aliquo motu, nunc majore, nunc minore, neg. ant. & cquam. Sic autem explicamus & ad mechanicæ leges reducimus motum ignis quem liberum fupponimus.

1°. Dantur in rerum natura moleculæ infinitè parvæ, aut quafi infinitè parvæ primi, fecundi, tertii ordinis &c. A Geometris repræfentari folent hujufmodi moleculæ per hos caracteres $\frac{1}{\infty}$, $\frac{1}{\infty^2}$, $\frac{1}{\infty^3}$ &c.

2°. Molecula infinitè parva primi ordinis eft infinitè major, aut quafi infinitè major, quàm molecula infinitè parva fecundi ordinis. Item molecula infinitè parva fecundi ordinis eft infinitè major, aut quafi infinitè major, quàm molecula infinitè parva tertii ordinis &c.

3°. Molecula A, v. g. vorticosè gyrabit circa moleculam B, *fig.* 4. *tab.* 2. si donetur eodem tempore & perseveranter motu perpendiculari seu centripeto juxta lineam A B, & motu horisontali, seu projectionis juxta lineam A C. Non alio mechanismo luna gyrat circa terram, & planetæ circa solem periodicè moventur.

4°. Demonstravit Newtonus quòd molecula A infinitè parva secundi ordinis sensibiliter tendet, seu motum centripetum habebit in moleculam B infinitè parvam primi ordinis, dummodo duæ istæ moleculæ non multùm distent à se invicem. Sic igitur expono motum continuum & vorticosum elementaris ignis.

Ignis elementaris, seu igneus quicumque vorticulus componitur ex moleculâ infinitè parvâ ordinis superioris circa quam vorticosè gyrant moleculæ infinitè parvæ inferioris ordinis, simul & perseveranter donatæ vi projectionis & vi centripetâ. Si molecula centralis sit quantitas infinitè parva primi ordinis, moleculæ gyrantes erunt quantitates infinitè parvæ secundi ordinis. Si molecula centralis sit quantitas infinitè parva secundi ordinis, moleculæ gyrantes erunt quantitates infinitè parvæ tertii ordinis &c.

Quòd si quis à me quærat quænam sit causa motûs projectionis & motûs centripeti de quibus locuti sumus hactenus. *Resp.* Hàc in re necessariò recurrendum esse ad

causam primam, quemadmodum probatur
à Phyficis in quæftione de igne.

In hâc noftrâ fententiâ exiftet ignis, alius
alio fubtilior.

In hâc eâdem fententiâ diftinguetur ignis
in elementarem. & ufualem : ignem elementarem conftituent nudi vorticuli ; ufua-
lis autem ignis efformabitur ab iifdem, vorticulis qui fecum abripuerunt particulas bituminofas, fulphureas, oleofas, nitrofas &c.

Inft. 1. Saltem ignis non habet motum
perturbatum ; ergo ignis non eft caufa fluiditatis corporum. Prob. ant. Motus perturbatus non eft motus mechanicus ; ergo ignis non habet motum perturbatum.

Refp. ad 1. *neg. ant. ad* 2. *dift. ant.* Motus
perturbatus in uno eodemque vorticulo ig-
neo non eft motus mechanicus, conc. ant.
in variis vorticulis igneis, neg. ant. & cquam.
Motum perturbatum habet certa quantitas
ignis ; conftat enim hæc quantitas innume-
ris vorticulis circa innumera centra parti-
cularia gyrantibus.

Inft. 2. Ignis fæpè donatur motu recto ;
ergo non donatur motu perturbato aut vorticofo. Prob. ant. Ignis fæpè lucet ; ergo
ignis donatur motu recto.

Refp. ad 1. *dift. ant.* Ignis fæpè donatur
motu recto conjungibili cum motu vorticofo, conc. ant. inconjungibili cum motu
vorticofo, neg. ant. & cquam.

Ad 2. *conc. ant., & dift. cquens ut fuprà.*

Vorticulus idem igneus eodem tempore motu recto, motuque vorticoso donari poterit. Dum enim vel centrum vorticuli, vel etiam totalis vorticulus feretur per lineam rectam; vorticosè necessariò gyrabunt moleculæ quæ constituuntur in ipsius circumferentiâ. Nonne globus idem super planum quodcumque volutus, donatur eodem tempore, & motu per lineam rectam, & motu rotationis circa centrum suum? ergo motus rectus non est inconjungibilis cum motu vorticoso.

Obj. 3. Si per electricitatem fluidior fieret aqua jam fluida, pariter per electricitatem augeretur mercurii fluiditas, falsum cquens ergo & ant. Prob. min. Si per electricitatem augeretur mercurii fluiditas, sequeretur quòd mercurius altior esse deberet in thermometro cui communicata fuit vividior electricitas, quàm in simili thermometro quod nullam acquisivit electricitatem; falsum experientiâ cquens, ergo & ant. Prob. seq. Si per electricitatem augetur mercurii fluiditas, sequitur quòd major ipsi communicatur ignis quantitas; sed si mercurio thermometri communicatur major ignis quantitas, profectò altior esse debet in thermometro mercurius; ergo si &c.

Resp. ad 1. *conc. seq. & neg. min. ad* 2. *neg. seq. ad* 3 *dist. seq.* Si per electricitatem augetur mercurii fluiditas, sequitur quòd major ipsi communicatur quantitas ignis electrici, & quasi elementaris, conc. seq. ignis mixti & quasi usualis, neg. seq. & dist. min. Sed si mercurio thermometri communicatur major quantitas ignis mixti & quasi usualis, profectò altior esse debet in thermometro mercurius conc. min. major quantitas ignis electrici & quasi elementaris, altior esse debet in thermometro mercurius, neg. min. & cquam. à majori vel minori dilatatione pendet altitudo mercurii in thermometro. Hæc autem dilatatio effectus est ignis mixti & quasi usualis, non verò ignis electrici & quasi elementaris; ergo mercurius altior esse non debet in thermometro cui communicata fuit vividior electricitas, quàm in simili thermometro quod nullam acquisivit electricitatem. *Consule sextam hujus operis epistolam.*

COROLLARIUM ULTIMUM.

Ex dictis hactenus, tum in ipsamet quæstione de Virtute electricâ, tum in Corollariis ex eâ quæstione deductis, sequitur evidenter probabilitate non destitui octo propositiones sic enunciatas.

PROPOSITIO PRIMA. Electricitas in arte medica est adhibenda.

PROPOSITIO SECUNDA. Electricitas auget naturalem animalium transpirationem.

PROPOSITIO TERTIA. Hæc acceleratio transpirationis in hominibus fit per

vafa capillaria exhalantia, & non per glan-
dulas fubcutaneas.

PROPOSITIO QUARTA. Fluidum
nerveum fluidum electricum dici debet.

PROPOSITIO QUINTA. Nervi fen-
forii à motoriis non funt diftincti.

PROPOSITIO SEXTA. Hemiplegiæ caufa
proxima eft immeabilitas fluidi nervei per
nervos.

PROPOSITIO SEPTIMA. Hemiplegia
præ reliquis morbis eft electrifatione cu-
randa.

PROPOSITIO OCTAVA. Etiam fe-
bris intermittens electrifatione debellari poteft.

Reipfa fupradictæ Propofitiones ab anno
1751. quotidie propugnantur in Univerfi-
tate Pragenfi.

DERNIERE LETTRE

A M. L'ABBÉ NOLLET.

Difficulté proposée à M. l'Abbé Nollet par M. Villette. Impossibilité de la résoudre dans le système de ce Physicien. Solution tirée du système que nous venons d'exposer dans cet Ouvrage.

MONSIEUR,

ME voici enfin sur le point de terminer l'Ouvrage que votre dix-neuvieme Lettre sur l'Electricité m'a donné occasion de faire paroître. J'espére que vous y trouverez ma nouvelle théorie beaucoup mieux expliquée, & beaucoup plus solidement établie, qu'elle ne l'avoit été dans l'article *Electricité* de mon grand Dictionnaire de Physique, & je crois n'avoir laissé sans réponse aucune des difficultés que vous avez eu la bonté de me proposer, à l'occasion de cette théorie.

Il

Il est encore une ou deux remarques que je vous supplie de faire avec moi; je les regarde comme très-importantes.

M. Villette, Opticien du Prince de Liége, vous a écrit qu'il ne voyoit pas comment dans votre systéme l'on pouvoit expliquer le phénoméne suivant : deux hommes placés sur deux gâteaux de résine, & devenus électriques par la communication qu'ils ont avec le conducteur électrisé, ne peuvent pas se tirer des bluettes l'un de l'autre, quoiqu'ils en tirent très-facilement non-seulement des personnes qui ne communiquent pas avec la machine, mais encore du frotteur isolé, & sensiblement électrisé (*a*).

Vous marquez à M. Villette qu'il est vrai que pour l'ordinaire les deux hommes en question ne peuvent pas se tirer des bluettes l'un de l'autre; & vous ajoutez ensuite pour toute réponse que cette régle n'est pas pour-

Z

tant fi générale , qu'elle n'ait fes exceptions (*b*). Je ne fçais , Monfieur , ce qu'aura penfé M. Villette,
en recevant votre lettre ; mais je
fçais bien que fi j'étois à fa place,
j'aurois plus d'une queftion ultérieure
à vous faire. Et d'abord il fuffit que
pour l'ordinaire deux hommes également électrifés , ne puiffent pas fe
tirer des bluettes l'un de l'autre,
pour que vous foyez obligé de trouver dans vos Principes l'explication
de ce fait. Je vous ai propofé
une difficulté toute pareille dans
ma quatrieme lettre ; je vous ai
même prié très-inftamment de m'y
donner une réponfe pofitive. Je ne
vous ai pas diffimulé que c'étoit
cette difficulté là même qui me faifoit regarder votre fyftéme comme
infuffifant , & qui m'avoit engagé
à former celui que je viens de vous
expofer dans cet Ouvrage ; j'efpére
que, pour la réfoudre, vous entre-
rez dans le détail le plus circonftan-

cié ; c'eſt là , je vous le répéte, la plus grande difficulté que l'on puiſſe vous oppoſer.

D'ailleurs , Monſieur , eſt-il bien vrai que l'expérience dont il s'agit, ſouffre des exceptions ? je ne le crois pas. Lorſque vous avez vû une per- ſonne iſolée faire étinceller avec ſon doigt une chaîne de fer , qui étoit employée comme conducteur , & qui l'embraſſoit comme une ceinture ; je ſuis aſſuré que le doigt & la chaîne n'avoient pas un égal degré d'Elec- tricité. Peut-être l'homme entouré de la chaîne , étoit-il vêtu d'une étoffe de ſoye , ou de quelque au- tre étoffe qui s'oppoſoit à la com- munication de l'Electricité ? De mê- me vos deux frotteurs iſolés , ne ſe tiroient des bluettes l'un de l'autre , que parce qu'ils n'avoient pas acquis le même degré d'Electricité. Vous êtes trop éclairé pour ne pas voir que ce ne ſont pas là des exceptions à la régle générale qui nous apprend

que deux hommes également électrifés ne fe font jamais étinceller l'un
l'autre : régle , pour le dire en paf-
fant , qui paroît détruire la plûpart
des Principes fur lefquels votre théorie eft fondée.

Je n'ai pas l'honneur d'être en
correfpondance avec l'illuftre Opticien du Prince de Liége. Je ferai cependant enforte que mon Ouvrage
parvienne jufqu'à lui. J'efpére qu'il
y trouvera l'explication la plus détaillée & la plus naturelle du phénoméne qu'il vous a propofé (*c*). Il
n'eft pas plus étonnant que deux hommes également électrifés ne fe tirent
aucune bluette l'un de l'autre , qu'il
l'eft qu'aucun des deux n'en tire du
conducteur avec lequel il communique par une chaîne de fer. Or ce
dernier phénoméne , bien loin de détruire ma théorie , comme il détruit
toutes les autres , me paroît démontrer vifiblement la bonté & la folidité des Principes fur lefquels elle eft

établie. Si je me fais illusion , c'est à vous à me le faire connoître ; mais aussi si je raisonne conséquemment aux regles de la plus incontestable méchanique, vous êtes assez équitable & assez généreux , pour retracter le jugement que vous avez porté contre mes conjectures nouvelles sur les causes physiques des phénomenes électriques.

J'ai l'honneur d'être &c.

P. S. Vous ne serez pas surpris , Monsieur , de ne rien trouver dans cet Ouvrage sur les *Purgations électriques* & la *transmission des odeurs*; vous sçavez mieux que personne que toutes ces merveilles Italiennes sont autant de Fables inventées à plaisir (*d*).

Notes pour la derniere Lettre.

(*a*) Deux personnes isolées & électrifées à la maniere ordinaire , ne peuvent pas s'exciter des étincelles l'une à l'autre : c'en est de même si elles communiquent toutes deux à la fois avec le couffin ifolé, ou avec le conducteur ; il faut effentiellement, pour qu'elles puiffent fe faire étinceller, que l'une communique avec le couffin, l'autre avec le conducteur. D'où vient cela ? demande M. Villette. *Tom. 3 des lettres de M. l'Abbé Nollet fur l'électricité, pag. 220.*

(*b*) Vous fuppofez, *répond M. l'Abbé Nollet à M. Villette,* que deux perfonnes ifolées & électrifées à la maniere ordinaire, ne peuvent point s'exciter des étincelles l'une à l'autre ; j'avoue que c'eft le cas ordinaire ; & je conviens que fi l'on veut les faire étinceller plus furement & d'une maniere plus fenfible, la régle eft que l'une des deux ne foit point ifolée, ou fi elle l'eft, qu'elle communique avec le couffin, tandis que l'autre fait partie du conducteur. Mais cette régle pourtant n'eft pas fi générale, qu'elle n'ait fes exceptions. J'ai remarqué plus d'une fois qu'une perfonne ifolée faifoit étinceller avec fon doigt une chaîne de fer, qui étoit employée comme conducteur, & qui l'embraffoit comme une ceinture : de plus, j'ai fait voir à des témoins dignes de foi, que deux perfonnes électrifées par le même globe, faifoient naître des étincelles, en fe préfentant le doigt l'une à l'autre ; & c'en eft affez, ce me femble, pour montrer que ces feux peuvent réfulter de l'action combinée de deux Electricités. *Même ouvrage, page. 254.*

M. l'Abbé Nollet avoit raconté ailleurs cette

derniere expérience en ces termes : le globe
ifolé fut frotté par deux perfonnes ifolées ,
qui appliquerent chacune une de leurs mains
à deux endroits diamétralement oppofés de
fa furface : ces deux perfonnes devinrent
foiblement électriques , affez cependant pour
tirer de petites étincelles l'une de l'autre.
*Tome 2 des lettres de M. l'Abbé Nollet fur
l'Electricité , pag. 267*

(c) Il fuit évidemment du fyftéme que je
viens de propofer , que deux hommes également électriques ne fçauroient fe faire
étinceller l'un l'autre. En effet ces deux
hommes font entourés d'athmofphéres d'une
égale denfité ; ces athmofphéres fe méleront
donc paifiblement , & fans qu'il y ait entre
leurs molécules aucun choc capable de donner une bluette électrique. Voyez ce point
de Phyfique traité très au long dans tout le
cours de cet ouvrage , & nommément dans
la premiere partie *pag.* 14. *& fuivantes. pag.*
48 *& fuivantes* , & dans la feconde partie
pag. 224 , 231 , *& 236.*

(d) L'Italie , *dit M. l'Abbé Nollet* , plus
heureufe que les autres pays , fembloit pof-
féder le fecret d'électrifer falutairement &
à coup fûr. Des remédes appropriés à chaque maladie , & renfermés dans les globes ,
ou dans les tubes de verre , ne manquoient
pas , difoit-on , de paffer au dehors , dès
que le frottement avoit dilaté les pores du
vaiffeau ; & la vertu électrique fervant de
véhicule à ces exhalaifons médicales , les

faifoit pénétrer profondément dans le corps
du malade , & les portoit infailliblement au
fiége du mal : les purgatifs paffoient de même
jufques dans les entrailles , lorfqu'on fe faifoit électrifer en les tenant dans fa main , &
par là on s'épargnoit le dégoût qu'on a naturellement pour toutes ces potions défa-
gréables qu'on appelle *médecines*.......

Un féjour de deux mois & demi que je
fis dans le Piémont, me mit à portée de
voir fouvent M. Bianchi , célébre Médecin
anatomifte de Turin , & qu'on peut regarder comme le premier Auteur des purgations électriques. J'obtins fort aifément
de fa politeffe & de fa complaifance, la
grace que je lui demandai , de répéter avec
lui-même toutes les expériences dont il m'a-
voit fait part dans fes lettres & dans fes mémoires ....

Mais le croira-t'on ? ce réfultat fe réduit
à dire que de trente perfonnes ou environ
de différents fexes , de différents âges &
de différents tempéraments, que nous avons
effayé de purger électriquement en diverfes
fois , fous les yeux & la direction de M.
Bianchi , & avec les drogues qu'il nous
avoit choifies lui même , à fon grand éton-
nement & au mien , perfonne ne le fut ,
fi l'on en excepte un garçon de cuifine qui
nous avoua depuis qu'il avoit pris des bouil-
lons de chicorée , pour une incommodité
qu'il avoit alors ; & un autre jeune domef-
tique , dont le témoignage nous devint plus

que fufpect par les extravagances dont il
voulut l'enjoliver ....

De Turin je paffai à Venife avec le même
défir de m'inftruire au fujet de la tranfmiffion des odeurs ..... On me conduifit chez
M. Pivati qui en étoit prévenu , & qui avoit
convoqué une nombreufe affemblée. Après
quelques expériences ordinaires ..... je demandai à voir tranfmettre les odeurs : mais
quelle fut ma furprife & mes regrets , lorfque M. Pivati me déclara nettement qu'il
ne l'entreprendroit pas ; que cela ne lui
avoit jamais réuffi qu'une fois ou deux ,
quoiqu'il eut fait , ajouta-t'il , bien des
tentatives depuis pour revoir le même effet ;
que le cylindre de verre dont il s'étoit fervi
pour cela , avoit péri , & qu'il n'en avoit
pas même gardé les morceaux.....

Lorfque je me trouvai à Bologne, je ne
manquai pas de voir M. Vératti.... L'extrême politeffe avec laquelle il me reçut,
me donna lieu de lui expofer avec confiance
les doutes que j'avois fur la tranfmiffion
des odeurs.....

M. Vératti me répondit qu'il avoit fait
plufieurs épreuves par le réfultat defquelles
il lui fembloit que l'odeur de la térében-
thine & celle du benjoin , s'étoient tranf-
mifes du dedans au dehors d'un vaiffeau
cylindrique de verre , femblable à celui
qu'il me montra , & qui ce jour là ne nous
fit rien fentir , quoique nous le frotaffions
fortement avec la main.

Sur ce que je lui repréſentai que ce vaiſ-
ſeau n'étoit bouché que par des couvercles
de bois aſſez minces , & qu'on pouvoit
ôter au beſoin pour faire entrer ou ſortir les
matieres odorantes , & qu'il pourroit être
arrivé que ces odeurs pouſſées par la chaleur , euſſent paſſé par les pores du bois ;
il me répondit que cela étoit poſſible , &
que , quoique de fortes apparences l'euſſent
porté à croire la tranſmiſſion des odeurs par
les pores du verre , il avoit cependant ſuſpendu ſon jugement ſur cet effet .... juſqu'à
ce que de nouvelles épreuves , faites avec
plus de précautions , euſſent diſſipé tous
les doutes . . . . .

Je n'ai rien appris dans les autres Villes
d'Italie , qui n'ait encore beaucoup aug-
menté mes doutes ſur les phénoménes de
l'Electricité que j'avois entrepris de vérifier
dans le cours de mon voyage. Le P. de la
Torre , Profeſſeur de Philoſophie à Naples ,
M. de la Garde , Directeur de la monnoye
à Florence & fort occupé de ces ſortes de
recherches , M. Guadagni , Profeſſeur de
Phyſique expérimentale à Piſe , M. le Doc-
teur Cornelio à Plaiſance , M. le Marquis
Maffei à Vérone , le P. Garo à Turin , tous
avec des machines bien montées & bien
aſſorties , avec la plus grande envie de réuſſir , ont eſſayé maintes fois de tranſmettre
les odeurs & l'action des drogues enfermées
(mais ſoigneuſement) dans des vaiſſeaux
cylindriques ou ſphériques de verre , en les

électrifant ; tous ont effayé de purger nombre de perfonnes : & felon le témoignage
qu'ils m'en ont rendu , jamais ils n'en font
venus à bout , ou le peu de fuccès qu'ils
ont eu , leur a paru trop équivoque pour
en tirer des conféquences conformes à ce
que M. Pivati a cru voir dans fes expériences.

Je fuis donc comme certain maintenant ,
continue M. l'Abbé Nollet, de ce que je
commençois à croire , lorfque je fis imprimer mes recherches fur les caufes particulieres des phénoménes électriques ; je fuis ,
dis-je , comme certain que M. Pivati a été
trompé par quelque circonftance à laquelle
il n'aura pas fait attention. Ce qui me le
fait croire encore plus que jamais , c'eft qu'il
m'a avoué lui-même conformément à ce
qu'il m'a écrit , que cette transfufion des
odeurs & des drogues à travers des vaiffeaux
cylindriques , ne s'eft manifeftée à lui qu'une
fois ou deux immédiatement , je veux dire
par une diminution fenfible du volume , &
par des émanations qu'on pouvoit reconnoître par l'odorat . . . . .

J'ai déja cité plus haut plufieurs habiles
Phyficiens d'Italie qui ont effayé inutilement
de répéter les expériences de M. Pivati , &
qui n'ont aucune confiance en fa médecine
électrique ; mais voici quelque chofe de plus
fort encore. Depuis un an il paroit à Venife
même un ouvrage par lequel on voit qu'une
compagnie de Sçavants , Médecins & autres ,

fe font unis pour répéter avec tout le foin imaginable , & en préfence de témoins, toutes les expériences qui concernent la médecine électrique , & fpécialement celles de M. Pivati. Tout y paroit conduit avec intelligence. Il eft dit même que plufieurs Membres de cette compagnie étoient prévenus ou en faveur des purgations électriques, ou en faveur de leurs Auteurs ; & malgré cela tous les réfultats s'y trouvent oppofés à ceux de M. M. Pivati & Bianchi , comme deux propofitions contradictoires le font entre-elles, comme le oui & le non. *Effai fur l'Electricité des corps , feconde édition* pag. 220 *& fuivantes.*

CONCLUSION.

EN matiere d'Electricité, ce ne font pas les expériences qui nous manquent ; c'eft plutôt un fyftéme dans lequel on explique d'une maniere conforme aux régles de la méchanique, tous les phénoménes que la Machine électrique nous met fous les yeux. Je n'ai garde de me flatter d'avoir réuffi dans mon entreprife. Cependant quand même j'y aurois échoué, je ne regarderois pas mon travail comme tout-à-fait inutile ; peut-être mon Ouvrage donnera-t-il occafion à quelqu'autre Phyficien, plus habile que moi, de trouver le véritable fyftéme de la nature.

F I N.

TABLE

Des Matieres contenues dans cet Ouvrage.

SECONDE PARTIE.

A a

Fin de la Table.

Fautes à corriger.

PAge 114 comme *lifez* comment

Pag. 144 par *lifez* pour

Pag. 178 abondonnée *lifez* abandonnée

Pag. 211 minutis *lifez* minutiis.

AVERTISSEMENT.

L'On trouve chez la Veuve Girard & François Seguin , Imprimeurs Libraires , les autres Ouvrages de l'Auteur de l'Electricité soumise à un nouvel examen ;

Ce sont:

Dictionnaire de Physique en 3 Volumes *in*-4°. avec figures.

Dictionnaire de Physique en 2 Volumes *in*-8°. avec figures, troisieme Edition.

Traité de paix entre Descartes & Newton , précédé des vies littéraires de ces deux Chefs de la Physique moderne , en 3 Volumes *in*-12, avec figures.

Le Guide des jeunes Mathématiciens dans l'étude des leçons élémentaires de M. l'Abbé de la Caille, en 1 volume *in*-8°. avec figures.

Analyſe des Infiniment Petits par M. le Marquis de l'Hôpital, ſui-vie d'un nouveau Commentaire pour l'intelligence des endroits les plus difficiles de cet Ouvrage, en 1 volume *in*-8º avec figures.

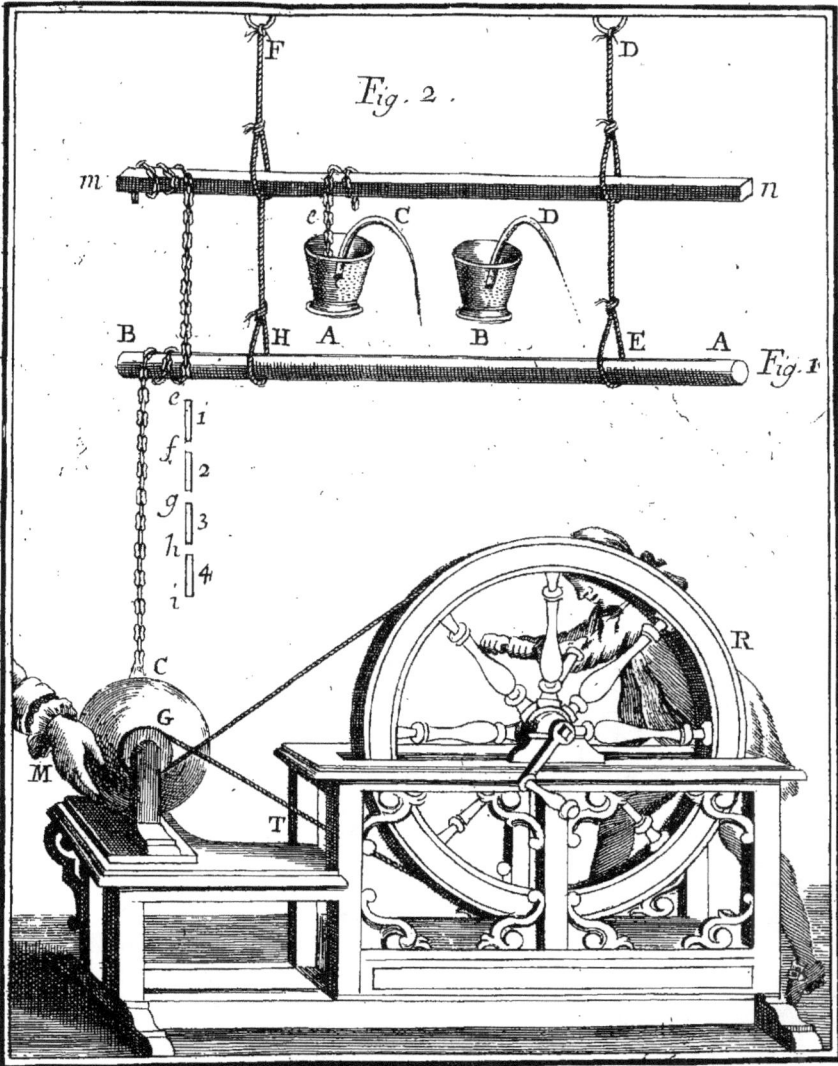

Pl. 1.

Fig. 2

Fig. 1

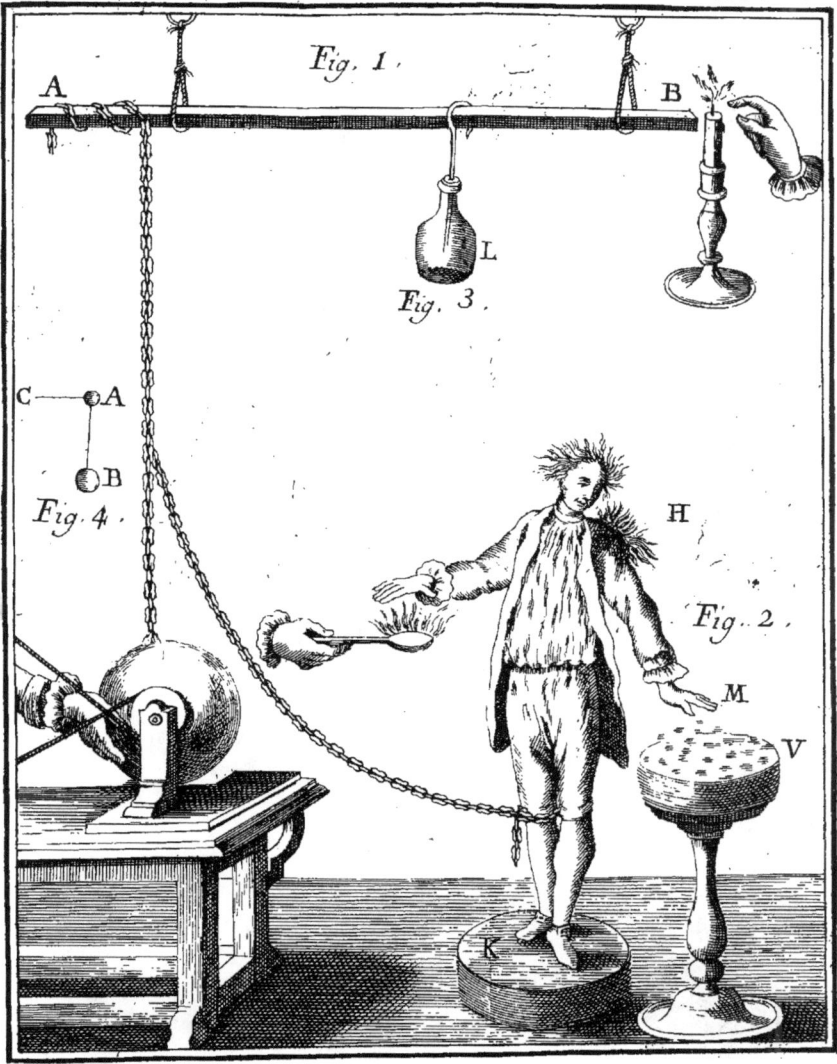

Pl. 2.

Fig. 1.

A   B

L

Fig. 3.

C——A

B

Fig. 4.

H

Fig. 2.

M

V

K

www.ingramcontent.com/pod-product-compliance
Lightning Source LLC
Chambersburg PA
CBHW060134200326
41518CB00008B/1032